영업·기획·마케팅을 위한

엑셀로 배우는 실험계획법

부록
엑셀 예제
홈페이지에서
다운로드 가능

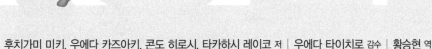

후치가미 미키, 우에다 카즈아키, 콘도 히로시, 타카하시 레이코 저 | 우에다 타이치로 감수 | 황승현 역

Excel은 누구나 쉽게 배울 수 있어 모든 사람들뿐만 아니라 직장인들에게도 필수 소프트웨어로 자리매김하고 있다. '실험계획법'은 이과뿐만 아니라 문과 분야에서도 적용이 가능하지만 아직 보편화되어 있지 않기 때문에, 누구나 쉽게 다룰 수 있고 접근이 용이한 Excel이라는 매개체를 통하여 소개하고자 한다.

씨
아이
알

Excel de Manabu Eigyou · Kikaku · Marketing no tameno Jikken Keikaku Hou
Supervised by Taichirou Ueda
Written by Miki Fuchigami, Kazuaki Ueda, Hiroshi Kondou and Reiko Takahashi
Copyright © 2006 by Taichirou Ueda, Miki Fuchigami, Kazuaki Ueda, Hiroshi Kondou and Reiko Takahashi
Published by Ohmsha, Ltd.
This Korean Language edition co-published by Ohmsha, Ltd. and CIR Co., LTD.
Copyright © 2014 All rights reserved.

*부록의 엑셀 예제 파일은 도서출판 씨아이알-자료실(http://www.circom.co.kr)에서 다운로드할 수 있습니다.

저 자 서 문

실험계획법(Design of Experiments : DOE)이라는 말을 들어 본 적이 있습니까? 또는 사용하고 있습니까?

실험계획법은 매우 훌륭한 방법입니다. 영업·기획·마케팅 활동에서도 강력한 무기가 되는 방법입니다. 실험계획법이 보다 더 활용되도록 이 책에서는 그 실천적인 사용법을 해설하고 있습니다.

실험계획법은 1920년대에 영국의 R. A. Fisher가 창안한 대단히 효율이 좋은 실험의 조합에 의한 통계 방법입니다. 많은 요인 중에서 결과에 대하여 정말로 효과가 있는 것이 무엇인지 찾으려는 방법으로 Fisher는 농사시험에 적용하기 위해 이 방법을 개발하였습니다. 일본에서는 제2차 세계대전 후에 다구치 겐이치(田口玄一) 박사[실험계획법의 대가, Taguchi method(품질공학)의 창시자로도 유명]의 지도에 의하여 품질관리방법으로 공업 분야에 보급되어, 지금은 공업·농업에 한정되지 않고 물리, 화학, 의학, 약학, 심리학, 경제학, 교육학, 인간공학, 감성공학 등 수많은 분야에서 적용하고 있습니다.

실험계획법은 이과 분야만의 것은 아닙니다. 영업·기획·마케팅이라고 하는 문과 분야에 있어서도 효과적인 방법입니다. 영업에서 '실험'이 뭐지?라고 생각할 수 있지만, 이 경우는 '실험'이라는 말을 넓은 의미로 파악하여, 그중에서 '조사'를 포함하여 생각하면 좋을 것입니다. 실험계획법이란 어떻게 하면 양질의 식재(데이터)를 얻어, 그 식재를 어떻게 요리(해석)하면 좋은 정보를 얻을 수 있는지 매우 유효하면서 강력한 통계방법입니다.

실험계획법이 문과 분야에서도 적용되고는 있다고 해도, 아직 전문적인 것에 한정되어 있습니다. 일반적으로는 많이 알지 못하고, 알고 있어도 적용하지 않는 것이 현실입니다.

실험계획법은 해석이 어렵다고 하는 것이 주된 이유입니다. 해석에는 계산이 필요합니다. 수 계산으로도 할 수 있지만 매우 번거로운 계산입니다. 그래서 전용 해석 프로그램을 구입하지 않으면 안 됩니다. 또한 프로그램 사용법을 공부할 필요가 있습니다. 프로그램 사용을 능숙하게 할 때까지 많은 시행착오를 겪어야 합니다. 시간도 비용도 들어갑니다.

이 책은 세미나 등을 통하여 실험계획법 등의 해석을 Excel로 간단하게 실시할 수 있다는 것을 소개하고 있습니다. Excel은 어디에나 있는 툴입니다. 기본적인 사용방법은 누구라도 알고 있습니다.

이 책의 목표는 다음 3가지에 대하여 이해하고 습득하는 것입니다.

① 요인계획법, 실험계획법이 영업·기획·마케팅 분야에도 도움이 되는 방법일 것
② 요인계획법, 실험계획법의 해석은 분산 분석의 고려가 기본으로 되어 있지만, 해석 작업은 Excel에 의하여 쉽게 실시할 수 있을 것
③ 영업·기획·마케팅에서 실전적인 요인계획법, 실험계획법에 의한 조사 및 분석 방법을 사례를 통하여 습득하는 것

이 책이 실험계획법의 적용에 도움이 되는 것을 원하고 있습니다.

이 책의 발행에서 Ohm사 개발국에 기획단계부터 마지막까지 신세를 졌습니다. 대단히 감사합니다.

2006년 5월
저자를 대표하여
후치가미 미키(渕上 美喜)
우에다 카즈아키(上田 和明)

역자 서문

　Excel은 누구나 쉽게 배울 수 있어 많은 사람들이 기본적으로 다룰 수 있는 워드프로세서 다음으로 많이 사용하는 필수 소프트웨어로 자리매김하고 있다.

　역자는 소프트웨어 회사에 근무하면서 보고서 등 서식을 갖춘 문서 외에는 대부분 Excel을 사용하고 있다. 그리고 간단한 프로그램은 Excel을 이용하여 제작하여 사용하고 있는데, Excel이 주는 확장성과 응용은 무한하기 때문에 다양하게 내장된 도구를 이용하여 VBA로 제작할 수 있는 장점으로 인하여 지금도 많이 사용하고 있다.

　이번에 소개하는 실험계획법은 이과 분야에서 다루던 분야이지만 문과 분야에서도 적용이 가능한 것을 아직 일반인이 알지 못하기 때문에, 누구나 쉽게 다룰 수 있고 접근이 용이하도록 Excel이라는 매개체를 통하여 소개한다.

　영업·기획·마케팅이라고 하는 분야에 종사하는 사람들은 대부분이 Excel을 사용하고 있고, 잘 다루고 있다. 따라서 Excel에 내장되어 있는 함수만을 사용하여 쉽게 실험계획법을 적용하여 실무에 사용할 수 있도록 하는 것이 이 책을 번역한 이유이다.

　이 책의 실험계획법은 역자의 전공 분야가 아니라 번역에 다소 미흡함이 있으니 너그럽게 이해하시기를 바라며, 영업·기획·마케팅에 종사하는 실무자와 학생들에게 조금이나마 도움이 되기를 희망한다. 이 책의 출간을 도와주신 도서출판 씨아이알의 김성배 사장님과 직원들에게 깊은 감사를 드립니다.

2014년 4월
황승현

이 책을 읽기 전에

■ 쇼핑센터의 출점계획

쇼핑센터에 입점계획이 있습니다. 많은 분들이 기분 좋게 이용하려면 어떤 점포가 들어서면 좋을까?

점포도 중요하지만 부대 서비스 시설도 중요합니다. 그래서 어떤 서비스 시설이면 이용자에게 즐거움을 줄 수 있을 것인가를 생각해봅시다.

    ① 약국이나 서점 중에 어느 것이 들어서면 좋을까?
    ② 세차장과 이·미용실 중에 어느 것이 들어서면 좋을까?
    ③ 은행과 우체국 중에 어느 것이 들어서면 좋을까?
    ④ 커피 전문점과 패밀리레스토랑 중에 어느 것이 들어서면 좋을까?

또한 위의 4개 시설의 필요도(중요도)를 동시에 조사하기 위해서는 어떻게 하면 좋을까?

■ 해결책은 있는 것인가?

최적의 해결책은 '실험계획법을 적용하는 것'이라고 단언할 수 있습니다.

'저자 서문'에서도 기술하였지만 여기서 중요한 것은 실험계획법은 이과 계통만의 분야가 아닌 영업·기획·마케팅이라고 하는 분야에서도 매우 유용한 해결책입니다. 영업에서 '실험'이 뭐지?라고 생각할 수도 있지만, 이것은 '실험'이라는 말을 넓은 의미로 해석하여 '조사'라고 생각하면 좋을 것입니다.

■ 앙케트를 실시

그럼 서두의 문제로 돌아갑니다.

L_8 직교표(본문 참조)를 바탕으로 '쇼핑센터에 있으면 좋겠다고 생각하는 시설은?'이라는 테마로 8개의 조합에 대한 앙케트를 실시하여 17명이 평가해주었습니다.

8개의 조합으로 된 앙케트와 그 회답결과는 다음과 같습니다. 회답의 수치는 17명의 회답에 대한 평균치입니다.

앙케트와 회답결과

No.	점포	서비스 시설 1	서비스 시설 2	서비스 시설 3	쇼핑을 좋아하는 쪽의 회답
1	약국	세차	은행	커피 전문점	4.7
2	약국	세차	우체국	패밀리레스토랑	6.2
3	약국	이·미용	은행	패밀리레스토랑	6.2
4	약국	이·미용	우체국	커피 전문점	5.3
5	서점	세차	은행	패밀리레스토랑	5.9
6	서점	세차	우체국	커피 전문점	5.0
7	서점	이·미용	은행	커피 전문점	6.2
8	서점	이·미용	우체국	패밀리레스토랑	8.2

※ 표를 보는 방법 : 예를 들면 1행에서 점포는 '약국', 서비스 시설 1은 '세차', 서비스 시설 2는 '은행', 서비스 시설 3은 '커피 전문점'으로 조합하여 이용하고 싶다고 한다면 10, 알지 못한다면 5, 이용하고 싶지 않다면 0으로 회답한 17인의 평균치임.

■ 중요도를 알 수 있다

회귀분석법으로 중요도를 구하면 다음과 같습니다.

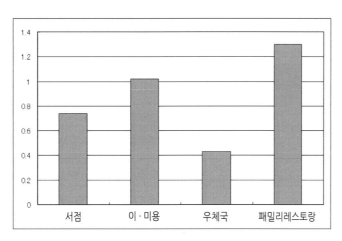

쇼핑센터 부대 서비스 시설의 중요도

쇼핑센터 부대 서비스 시설의 중요도는 높은 쪽부터 순서대로 '패밀리레스토랑', '이·미용', '서점', '우체국'이라는 것을 알 수 있습니다.

이번의 앙케트에서는 시설항목을 4개, 각 항목의 내용을 2개(2수준이라고 말합니다)로 설정하였습니다. 이 경우, 일반적이라면 전부 $2^4=16$개의 조합을 앙케트에 포함시킬 필요가 있지만, 실험계획법을 적용하면 그 절반인 8개의 조합으로 해결됩니다.

실험계획법에서 가장 좋은 점은 조사횟수를 줄일 수 있다는 것입니다. 즉, 시간을 절약할 수 있습니다.

예를 들면 앙케트 항목이 7항목이며 그 각 항목의 내용이 3수준인 경우, 제대로 앙케트를 작성하면 $3^7=2,187$개의 설문수가 됩니다.

그러나 여기서 직교표를 사용하면 18개의 설문으로 해결됩니다. 더군다나 뛰어난 성질 때문에 매우 양질의 정보를 얻을 수 있습니다.

실험계획법이란 '최소한의 실험횟수(또는 조사횟수)로 최대의 정보를 얻을 수 있는' 통계방법입니다.

■ 적용사례

실험계획법의 적용은 광범위합니다. 예를 들면 다음 사례는 필자들과 관련된 것입니다. 규모의 대소는 있지만, 이 예에서는 다양한 업종에서 적용이 가능하다는 것을 보여주고 있습니다.

· 앙케트의 설계와 해석
· 점포실험(POS 데이터의 해석), 선반할당(shelving allocation) 계획, 출점계획, 판촉활동
· 통판의 Catalog 계획
· 여행 Plan의 계획
· 히트할 서적의 계획
· 히트할 금융상품의 계획
· Auto call system의 효과측정

■ 실험계획법의 데이터 해석은 Excel로!!

실험계획법을 영업·기획·마케팅 분야에도 적용할 수 있다고 해도, 마케터 등 일부 직종에 한정되어 있는 것이 현실입니다. 일반적으로는 알 수 없거나, 알고 있어도 적용하지 않고

있습니다. 좀처럼 바깥 무대로 나올 수 없는 것은 왜 그런 것일까요?

실험계획법은 해석이 어렵다는 것이 주된 이유 중 하나라고 생각합니다. 해석에는 계산이 필요합니다. 수 계산으로도 할 수 있지만 매우 번거로운 계산입니다. 시간과 비용을 줄이기 위한 답은 Excel입니다. 필자는 세미나 등을 통하여 실험계획법의 해석은 Excel로 간단하게 할 수 있다는 것을 소개하고 있습니다. Excel은 어디에나 있는 툴입니다. 기본적인 사용방법은 누구라도 알고 있습니다.

이 책에서는 실험계획법을 영업·기획·마케팅의 사례를 이용하여 알기 쉽게 설명하고 있습니다. 동시에 Excel의 분석 툴을 사용하여 그 해석을 쉽게 할 수 있다는 것을 소개하고 있습니다.

이 책의 목표는 다음 3가지를 이해하고 습득하는 것입니다.

① 실험계획법은 영업·기획·마케팅 분야에도 적용이 가능하다.
② 실험계획법의 해석은 분산 분석의 방식이 기본이지만, 해석 작업은 Excel로 쉽게 할 수 있다.
③ 영업·기획·마케팅에서 실전적인 조사 및 분석을 실험계획법에 의한 사례를 통하여 습득하는 것이다.

◆　◆　◆

필자는 실험계획법을 습득하는 데 1년이 넘게 걸렸습니다. 독자들은 Excel을 실제로 조작하면서 각 장을 2일의 페이스로 공부한다면 한 달 안에 습득할 수 있습니다.

※ Excel은 Microsoft사의 등록상표입니다.
※ 이 책에서는 Excel 2007을 기본으로 하고 있지만, Excel 2007 이후 버전에서도 사용할 수 있습니다.
※ 부록의 엑셀 예제 파일은 도서출판 씨아이알-커뮤니티-자료실(http://www.circom.co.kr)에서 다운로드할 수 있습니다.

차 례

제10장 실험계획법을 포함한 요인계획의 적용 예

제11장 3요인 계획의 적용 예

제12장 일대비교법

부 록

제1장

요인계획

점포실험의 사례입니다.
매상을 올리는 데 공헌하는
것은 무엇인가요?

실험계획법, 요인계획법이라는 말을 알고 있습니까? 어느 쪽이라도 들은 적이 있지만 실제로는 이용한 적이 없다는 것이 사실인가요?
이 장에서는 요인계획의 정의와 목적, 그리고 요인계획에 사용되는 '분산 분석'이라는 방법에 대하여 어느 점포실험을 구체적인 예를 들어 설명합니다.
실험계획법의 상세한 방법은 제8장에서 설명합니다.

제**1**장
요인계획

1.1 어느 점포실험

요인계획을 간단하게 파악하기 위하여 어느 점포실험을 생각합니다. 예를 들면 점포실험이란 매출을 올리기 위하여 공헌하는 것이 무엇인지를 조사하기 위하여 특정 점포나 매장에서 실제로 실험을 시행하여 결과가 어떻게 되는지를 조사하는 실험입니다.

실험에서 우선 주목하는 데이터 y를 정합니다. 여기서는 매출액으로 해봅시다. 다음에 매출액 y의 증감에 영향을 미친다고 생각되는 요인을 생각합니다. 여기서는 요인으로서 다음의 A, B 2개를 고려하였습니다.

A : 전단지의 내용(A_1 = 없음, A_2 = 보통의 전단지, A_3 = 인기상품의 전단지)
B : 텔레마케팅(B_1 = 없음, B_2 = 있음)

여기서 요인 A의 A_1, A_2, A_3이라는 항목을 수준이라고 부릅니다. A_1, A_2, A_3을 각각 A의 제1수준, 제2수준, 제3수준이라고 합니다. 마찬가지로 B_1을 B의 제1수준, B_2를 제2수준이라고 부릅니다. 정리하면 표 1.1과 같습니다.

표 1.1 요인과 수준

요인	수준
A＝전단지의 내용	A_1＝없음
	A_2＝보통의 전단지
	A_3＝인기상품의 전단지
B＝텔레마케팅	B_1＝없음
	B_2＝있음

이와 같이 요인을 정하는 것을 '요인을 계획한다'라고 말합니다. A, B 각각의 수준을 실험 조건으로 하여 매출액 y의 데이터를 모읍니다. 그래서 얻어진 데이터를 해석하는 것에 의하여 매출액 y의 증감에 영향을 미치고 있는 것은 A, B 양쪽인가, A뿐인가, B뿐인가를 조사합니다. 매출액에 영향을 미치고 있는 요인을 안다면 매출액을 증가시키기 위하여 구체적으로 무엇을 하면 좋을 것인가를 결정합니다.

이와 같이 요인을 계획하여 선정한 요인이 데이터에 대하여 효과가 있는지 없는지를 판별하는 방법을 요인계획(법)이라고 합니다.

이번의 실험은 전단의 내용 A_1＝없음, A_2＝보통, A_3＝인기상품 각각에 대하여 전화에 의한 텔레마케팅의 유무(B_1＝없음, B_2＝있음)를 조합하여 다음과 같이 6종류의 실험을 합니다.

표 1.2 실전 내용

No.	A＝전단내용	B＝텔레마케팅
1	A_1＝없음	B_1＝없음
2	A_2＝보통전단	B_1＝없음
3	A_3＝인기상품의 전단지	B_1＝없음
4	A_1＝없음	B_2＝있음
5	A_2＝보통전단	B_2＝있음
6	A_3＝인기상품의 전단지	B_2＝있음

※ 이 경우에 각 열에 실험 번호와 각각에 대응하는 실험조건을 표시한 표를 계획행렬이라고 합니다.

실험결과, 구체적으로 다음과 같이 데이터를 얻은 것으로 하고 해석해봅시다.

표 1.3 데이터(매출액 y의 단위는 생략)

No.	A＝전단내용	B＝텔레마케팅	매출액 y
1	A_1＝없음	B_1＝없음	5.0
2	A_2＝보통전단	B_1＝없음	5.2
3	A_3＝인기상품의 전단지	B_1＝없음	5.4
4	A_1＝없음	B_2＝있음	5.8
5	A_2＝보통전단	B_2＝있음	5.9
6	A_3＝인기상품의 전단지	B_2＝있음	6.2

우선, 매출액 y의 그래프를 그립니다. 데이터 해석의 기본은 '그래프를 그리면서 시작한다' 입니다. 이 케이스에서는 그림 1.1과 같이 행과 열로 조건을 나누어 데이터를 입력하고('크로스 표'라고 합니다) 그 다음에 꺾은선 그래프를 그리는 것을 권장합니다.

		텔레마케팅	
	매출액	없음	있음
전단지	없음	5	5.8
	보통의 전단지	5.2	5.9
	인기상품의 전단지	5.4	6.2

그림 1.1 요인계획과 결과

Excel에서 꺾은선 그래프를 그리기 위해서는 그림 1.1의 굵은 선 안의 셀을 선택하고 리본 메뉴에서 [삽입]-[꺾은 선형]을 클릭, 그래프위저드를 작동하여 표시되는 다이얼로그에서 그림 1.2와 같이 '꺾은 선형' 그래프를 선택합니다.

그림 1.2 꺾은선 그래프를 그리는 다이얼로그

[확인] 버튼을 클릭하면 그림 1.3(a)와 같이 그래프가 작성됩니다. 그림 1.3(b)는 그래프의 옵션을 설정하여 알기 쉽게 한 그래프입니다.

그림 1.3을 보면 요인 A, B 모두 매출액 y에 영향을 미치는 것을 알 수 있습니다. 매출액을 올리는 최적 조건은 '인기상품의 전단지', '텔레마케팅 있음'일 때라는 것을 알 수 있습니다.

1.2 통계적으로 해석한다

여기서 그림 1.3의 결과만으로는 '통계적으로 판단한다'라고 하는 관점에서는 유효한 결과가 나온 것은 아닙니다. 통계적인 해석에 의하여 '분명히 효과가 있다'라는 것을 정량적으로 설명할 수 없으면 설득력이 없는 것입니다.

지금과 같이 요인이 2개인 단순한 사례의 경우, 거기까지 할 필요가 있을까?라고 생각하지만, 요인이 많은 경우는 특히 효과가 있는 요인이 어느 것인가를 확인하기 위해서는 통계적인 판단이 필수가 됩니다.

그렇다면 실제로 데이터를 통계적으로 해석해봅시다. 통계적인 해석에는 분산 분석이라고 하는 방법을 사용하는데, Excel의 분석 툴을 이용하면 간단하게 실험할 수 있습니다.

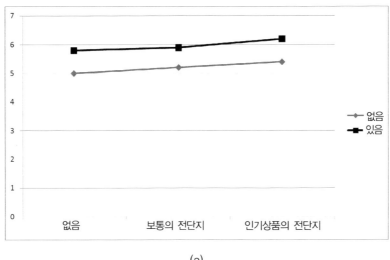

(a)

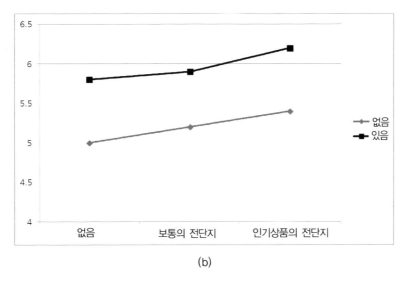

(b)

그림 1.3 요인의 결과를 나타낸 꺾은선 그래프
※ 이와 같이 요인의 효과를 나타내는 그래프를 '요인효과도'라고 부릅니다.

Excel의 분석 툴을 사용하기 위해서는 Add-in을 설정해야 합니다. Excel의 메뉴에서 좌측 상단의 [Office 단추]를 클릭하고, 우측 하단에 있는 [Excel 옵션] 버튼을 클릭합니다. 그러면 [Excel 옵션] 다이얼로그가 표시됩니다. 여기서 왼쪽의 트리 메뉴에서 [추가 기능]을 클릭하면 추가 가능 항목이 나타나는데, 그중에서 [해 찾기 추가기능]을 클릭하고 아래쪽의 [이동]

버튼을 클릭하면 [추가 기능] 다이얼로그가 표시됩니다. 이 다이얼로그 리스트에서 [분석 도구]와 [분석 도구-VBA]에 체크를 하고 [확인] 버튼을 클릭하면 분석 툴을 사용할 수 있습니다. 이때 Office의 사양에 따라 Microsoft Office 또는 Microsoft Excel의 CD가 필요한 경우도 있습니다. 이 경우는 안내에 따라 추가 기능을 설치하시기 바랍니다. 또한 Excel 버전에 따라 위의 내용이 다를 수 있으므로 참고하기 바랍니다(이 책에서는 Excel 2007을 사용).

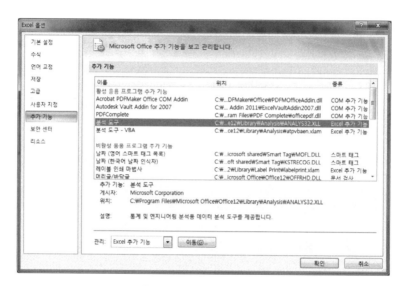

그림 1.4 Excel의 Add-in 설정

Add-in을 설정한 후, 다시 한 번 리본 메뉴의 [데이터]를 보면 [분석]이라는 Ribbon Panel이 있습니다. 여기서 [데이터 분석] Item을 클릭하면, [통계 데이터 분석] 다이얼로그가 표시됩니다.

그림 1.5 [데이터 분석] 메뉴

그림 1.1과 같은 크로스 표의 데이터를 해석하기 위해서는 다음과 같은 순서로 Excel의 분

석 툴 중에서 '분산 분석 : 반복 없는 이원 배치법'을 사용합니다.

Add-in의 설정 후, Excel에서 리본 메뉴의 [데이터]−[분석] Ribbon Panel에서 [데이터 분석] Item을 클릭하면 표시되는 [통계 데이터 분석] 다이얼로그에서 '분산 분석 : 반복 없는 이원 배치법'을 클릭한 후에 [확인] 버튼을 클릭합니다.

그림 1.6 Excel의 통계 데이터 분석 툴

그림 1.7과 같이 다이얼로그가 표시되므로 그림과 같이 데이터 범위 등을 지정하고 [확인] 버튼을 클릭하면 새로운 시트에 실험결과가 표시됩니다.

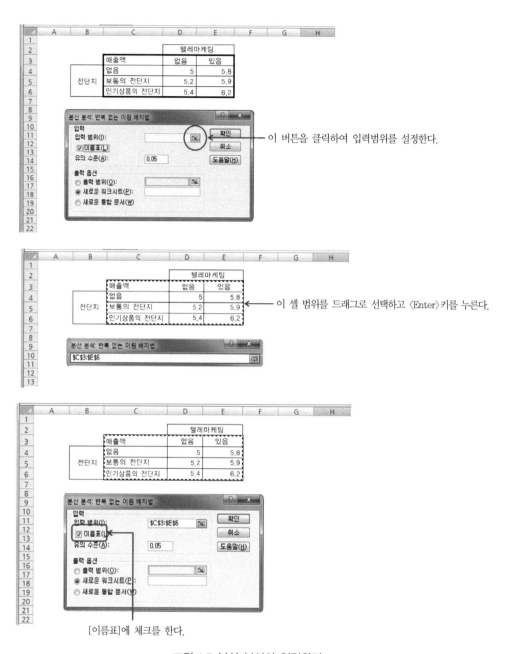

이 버튼을 클릭하여 입력범위를 설정한다.

이 셀 범위를 드래그로 선택하고 〈Enter〉키를 누른다.

[이름표]에 체크를 한다.

그림 1.7 분산 분석의 입력화면

분산 분석 : 반복 없는 이원 배치법

요약표	관측수	합	평균	분산
없음	2	10.8	5.4	0.32
보통의 전단지	2	11.1	5.55	0.245
인기상품의 전단지	2	11.6	5.8	0.32
없음	3	15.6	5.2	0.04
있음	3	17.9	5.966667	0.043333

분산 분석

변동의 요인	제곱합	자유도	제곱 평균	F 비	P-값	F 기각치
인자 A(행)	0.163333	2	0.081667	49	0.02	19
인자 B(열)	0.881667	1	0.881667	529	0.001885	18.51282
잔차	0.003333	2	0.001667			
계	1.048333	5				

그림 1.7 분산 분석의 입력화면(계속)

그림 1.8에 서식과 행을 보기 쉽게 만든 결과를 표시합니다(이후 분석 툴에서 출력되는 분석 결과는 그림 1.8과 같은 양식으로 게재합니다).

분산 분석 : 반복 없는 이원 배치법

요약표	관측수	합	평균	분산
없음	2	10.80	5.40	0.32
보통의 전단지	2	11.10	5.55	0.24
인기상품의 전단지	2	11.60	5.80	0.32
없음	3	15.60	5.20	0.04
있음	3	17.90	5.97	0.04

분산 분석

변동의 요인	제곱합	자유도	제곱 평균	F 비	P-값	F 기각치
인자 A(행)	0.163	2	0.0817	49	0.0200	19.00
인자 B(열)	0.882	1	0.8817	529	0.0019	18.51
잔차	0.003	2	0.0017			
계	1.048	5				

※ '행'은 전단지, '열'은 전화에 의한 고지를 가리킨다. 'P-값'은 요인의 효과가 전혀 없다고 가정한 경우에 그 결과가 나타나는 확률을 나타낸다. P-값이 작으면 그 요인의 영향이 크다. P-값이 15% 이하이면 그 요인의 효과가 있다고 판단하는 것으로 한다. 위험률이라고 부른다.

그림 1.8 '분산 분석 : 반복 없는 이원 배치법'의 실험 결과

결과에서 아래쪽의 '분산 분석'이 구하려는 해석 결과입니다. 분산 분석에는 여러 가지 수치가 출력되어 있는데, 우선 주목해야 할 곳은 분산 분석의 'P-값'입니다.

통계적인 해석에서 요인으로써 효과가 있을지는 '확률'로 판단합니다. 이를 위해서는 우선 그 요인의 효과가 전혀 없는 상태를 가정합니다(이것은 '유연'히 데이터가 흩어져 있는 상태입니다). 그래서 이 요인에 의한 영향이 '요인의 영향이 없는 것으로 한 상태'에서는 몇 %의 확률로 나타낼 것인가를 계산합니다. 만약 이 확률이 작은 경우, 그것은 우연히 일어난 현상이 아닌, 즉 '요인에 의한 영향이 있었다'로 판단합니다. 이 확률이 표 중에서 P-값으로 표시된 수치입니다.

그림 1.8에서 '변동의 요인' 행에 대응하는 'P-값'이 0.02로 되는 것은 '행'에서 표시된 요인 '전단지'에 의해 매출액이 받는 영향이 '전단지'의 영향이 없는 상태(정말로 우연히 데이터가 흩어진 상태)에서는 단지 2%의 확률밖에 일어나지 않음을 나타내고 있습니다. 이것은 통계적으로 매우 작은 확률입니다.

일반적으로 영업·기획·마케팅의 분야에서는 이 확률이 '15% 이하'이면 우연히 일어난 것이 아닌 요인에 의하여 결과가 좌우되었다고 판단할 수 있습니다.

그림 1.8에서는 '행＝전단지'와 '열＝텔레마케팅'의 P-값이 전부 15%(0.15) 이하이므로 양쪽 모두의 요인이 매출액에 영향이 있다고 '통계적'으로 판단할 수 있습니다. 또, '열의 P-값'이 '행의 P-값'보다 작기 때문에 '텔레마케팅'의 효과가 '전단지'보다 크다는 것을 통계적으로 확인할 수 있습니다.

다음에 분산 분석표의 '제곱합(이 책에서는 '변동'으로 표기)'에 주목합니다. 제곱합은 그 요인에 의해 데이터가 '변동하는 크기'를 나타내는 수치입니다. 이 크기를 비교하는 것에 따라 간단하게 요인에 대한 영향의 크기를 볼 수 있습니다.

요인별로 변동의 크기를 원그래프로 나타낸 것이 그림 1.9입니다. 이 그림에서 '텔레마케팅'의 변동의 크기는 '전단지'의 5배 이상임을 알 수 있습니다.

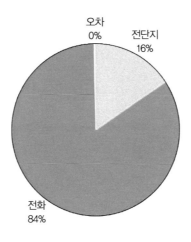

그림 1.9 변동에 대한 원그래프

표 1.2에서는 애매했던 요인의 영향을 분산 분석에 의하여 통계적으로 명확한 수치에 의하여 뒷받침할 수 있습니다. 이와 같은 결과로 '설득력'을 가질 수 있는 것이 요인계획의 목적입니다.

1.3 실험횟수(조사항목수)를 줄인다

표 1.2의 계획행렬과 같이 3수준과 2수준의 요인에 의한 실험은 전부 6회로 하였습니다. 이와 같은 요인계획에서는 요인과 수준에 대하여 '모든 조합'의 실험을 실시합니다. 그렇기 때문에 요인과 수준의 개수가 많게 되면 필연적으로 실험횟수가 많이 늘어나게 됩니다.

요인과 수준의 개수가 늘어난 경우의 실험횟수를 표 1.4에 표시하였는데, 예를 들면 수준이 3개이고 요인이 7개일 때 필요한 실험횟수는 대략 2,000회를 초과해버립니다.

표 1.4 요인수준이 늘어난 경우의 실험횟수

요인개수		수준개수		
		2	3	4
	1	2	3	4
	2	4	9	16
	3	8	27	64
	4	16	81	256
	5	32	243	1,024
	6	64	729	4,096
	7	128	2,187	16,384

↑
3수준의 요인이 7개일 때의 실험횟수

실험의 내용에 따라 다르겠지만 보통 이 정도 횟수의 실험이나 조사를 실시하는 것은 매우 큰 일입니다. 실험을 앙케트 조사의 항목개수라고 한다면 대답할 수 있는 양이 아닙니다.

실험횟수를 줄이기 위하여 요인계획에서는 라틴 방진(Latin square)이나 직교표(table of orthogonal arrays)를 적용합니다. 실험계획법이라는 것은 직교표를 이용한 요인계획입니다.

[주] 이 책에서는 좁은 의미로 직교표를 이용한 요인계획을 실험계획법이라고 칭합니다.

직교표에 대해서는 제8장에서 상세하게 설명하겠지만, 직교표를 이용한 경우에 실험횟수가 얼마나 되는지를 나타낸 것이 표 1.5, 1.6입니다. 표 1.5는 모든 요인이 2수준인 경우에 사용하는 직교표의 요인개수와 실험횟수를 나타내고 있습니다. 표 1.4에서는 2수준의 요인이 7개인 경우에 128회의 실험이 필요하지만, 직교표를 이용하면 8회의 실험으로 완료할 수 있습니다.

표 1.6은 '혼합계'라 부르는 L_{12}, L_{18} 직교표의 요인개수와 실험횟수입니다. 표 1.4에서는 3수준의 요인이 7개인 경우에 실험횟수가 2,187회였으나, L_{18} 직교표를 사용하면 실험횟수는 겨우 18회가 됩니다.

표 1.5 2수준계 직교표의 실험횟수

종류	직교표	요인개수	횟수
2수준계	L_4	3	4
	L_8	7	8
	L_{16}	15	16

※ 직교표를 나타내는 기호 L의 첨자는 실험횟수를 나타낸 것이다.

표 1.6 혼합계 직교표의 실험횟수

종류	직교표	요인개수	횟수
혼합계	L_{12}	2수준이 11	12
	L_{18}	2수준이 1, 3수준이 7	18

이와 같이 요인계획에서는 직교표 등을 사용하면 실험횟수와 조사 항목개수를 크게 줄일 수 있습니다. 즉, 주목한 데이터에 대하여 어느 요인이 영향을 미치는 것인지를 '최소한의 정보'로 조사할 수 있는 대단히 효율적인 방법이라고 할 수 있습니다. 이와 같은 요인계획을 이용하면 영업·기획·마케팅의 조사도 효율적으로 실시할 수 있습니다.

1.4 연습문제

표 1.7은 어느 앙케트 조사의 결과입니다. 식사를 하면서 야경을 볼 수 있는 고베·나가사키·하코다테 중에서 어느 곳이 좋습니까?, 식사는 일본식·서양식 중에서 어떤 것이 좋은가를 10인의 여성에게 10점 만점을 기준으로 회답을 받은 결과, 평균점은 다음과 같습니다.

표 1.7 야경과 식사 조합의 만족도

구분	위치	식사	
		일본식	서양식
야경	고베	8.5	9.2
	나가사키	7.4	8.1
	하코다테	7.2	7.8

다음 설문에 답하시오.

① 꺾은선 그래프를 그리고 요인의 효과에 대하여 고찰하시오.

② Excel의 분석 툴을 사용하여 분산 분석표를 구해, 야경의 장소와 식사 종류는 만족도
　에 영향이 있는지를 P-값으로 판단하시오.

③ 분산 분석표의 변동값으로 원그래프를 그려서 요인의 영향 크기에 대하여 고찰하시오.

해답 예

① 꺾은선 그래프는 다음과 같습니다.

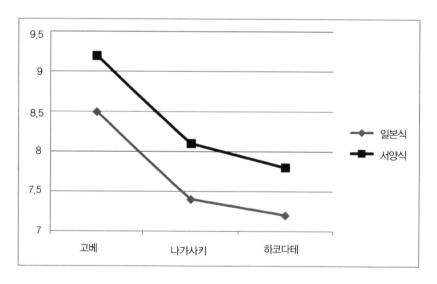

그림 1.10 표 1.7의 꺾은선 그래프

식사와 야경 모두가 만족도에 영향을 미치고 있습니다. 고베의 야경을 바라보면서 서양식
을 먹는 경우에 만족도가 가장 높은 것으로 나타났습니다.

② 분산 분석표는 그림 1.11과 같습니다.

분산 분석 : 반복 없는 이원 배치법

요약표	관측수	합	평균	분산
고베	2	17.70	8.85	0.245
나가사키	2	15.50	7.75	0.245
하코다테	2	15.00	7.50	0.180
일본식	3	23.10	7.70	0.490
서양식	3	25.10	8.37	0.543

분산 분석

변동의 요인	제곱합	자유도	제곱 평균	F 비	P-값	F 기각치
인자 A(행)	2.063	2	1.032	619	0.0016	19.00
인자 B(열)	0.667	1	0.667	400	0.0025	18.51
잔차	0.003	2	0.002			
계	2.733	5				

그림 1.11 분산분석표

야경의 P-값은 0.16%, 식사의 P-값은 0.25%로, 공히 15% 이하가 되어 양쪽 모두의 요인이 만족도에 영향을 미치고 있다는 것을 알 수 있습니다.

③ 변동에 대한 원그래프를 그리면 그림 1.12와 같습니다.

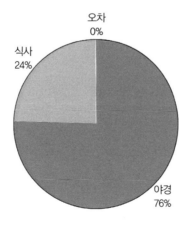

그림 1.12 변동의 원그래프

변동은 야경이 76%를 차지하며, 다음으로 식사가 24%를 차지하고 있습니다. 영향은 야경 쪽이 크며, 식사보다 3배를 넘습니다. 야경이 식사보다 중요도가 높은 것은 여성에게 의미가 큰 결과입니다.

정리

· 무엇이 매출액 등의 데이터에 영향을 주는가를 찾기 위하여 생각할 수 있는 몇 가지 요인을 선정해, 그 수준(항목 중의 선택사항)을 정하는 것을 '요인을 계획한다'고 말합니다.
· 요인을 계획하고, 선정한 요인이 데이터에 대하여 효과가 있는지 없는지를 판별하는 방법을 '요인계획(법)'이라 부릅니다.
· 요인계획의 목적은 요인의 효과를 '통계적으로 판단한다'입니다.
· 통계적으로 판단하기 위하여 요인계획에서는 '분산 분석'이라는 방법을 이용합니다.
· 요인과 수준의 개수가 늘어나면 실험횟수와 조사항목수가 방대해지기 때문에, 요인계획에서는 '직교표' 등을 이용하여 그 개수를 줄입니다.
· 직교표를 이용한 요인계획을 '실험계획법'이라 부릅니다.

참고문헌

1. 渕上美喜, 上田太一郎, 古谷都紀子, 『実戦ワークショップ Excel 徹底活用 ビジネスデータ分析』, 秀和システム.
2. 広瀬 健一, 上田太一郎, 『Excelでできるタグチメソッド解析法入門』, 同友館.
3. 上田太一郎, 小林真紀, 渕上美喜, 『Excelで学ぶ回帰分析入門』, Ohm社.
4. 上田太一郎, 『Excelでできるデータマイニング演習』, 同友館.

제2장

분산 분석

분산 분석에 대하여 보다
상세하게 설명합니다.

제1장에서는 요인 효과의 유무를 통계적으로 판단하기 위하여 Excel의 분석 툴을 사용하여 분산 분석표를
작성하였습니다. 이 장에서는 분산 분석의 내용에 대하여 보다 상세하게 설명합니다.

제2장

분산 분석

2.1 요인이 1개인 경우의 분산 분석

제1장의 점포실험 예에서는 요인의 효과가 있는지를 조사하기 위하여 분산 분석표를 작성하여 P-값이라는 확률로 판단하였습니다. 이 확률을 구하기 위하여 '분산'이라는 수치를 이용하기 때문에 이 분석법을 '분산 분석'이라 부릅니다.

우선 요인이 1개인 다음과 같은 사례에서 분산 분석의 내용을 살펴봅시다. 요인이 1개인 요인계획을 '1요인 계획법' 또는 '1원 배치실험(일원 배치실험)'이라 부릅니다.

표 2.1은 하코다테(函館), 고베(神戸), 나가사키(長崎), 요코하마(橫浜), 도쿄(東京)의 야경에 대하여 A, B, C, D의 4인으로 하여금 10점 만점으로 하여 평가받은 데이터입니다.

표 2.1 야경의 평가

	A	B	C	D
하코다테	8	5	7	8
고베	8	6	7	6
나가사키	7	6	6	5
요코하마	7	5	7	6
도쿄	5	4	5	5

이것은 하코다테, 고베, 나가사키, 요코하마, 도쿄의 5개의 수준에 대하여 '야경의 장소'라고 하는 1개의 요인에 대한 요인계획입니다. 우선, 요인효과도인 꺾은선 그래프를 그려봅시다.

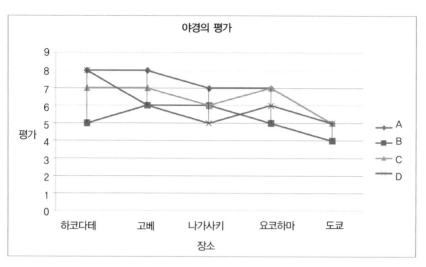

그림 2.1 5개의 야경에 대한 평가의 꺾은선 그래프

하코다테, 고베의 평가가 좋고, 도쿄가 가장 낮은 경우입니다. 표 2.1의 데이터에서 Excel
의 분석 툴로 분산 분석을 실시해봅시다. 요인이 1개인 경우, 분석 툴에서는 '분산 분석 : 일원
배치법'을 사용합니다.

Excel 메뉴에서 [데이터]-[데이터분석]을 클릭하면 표시되는 다이얼로그에서 '분산 분석 :
일원 배치법'을 선택하고 [확인] 버튼을 클릭합니다.

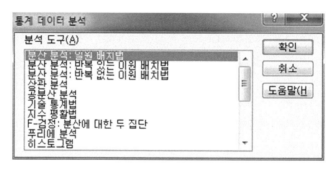

그림 2.2 분산 분석 : 일원 배치법

표시된 다이얼로그에서 그림 2.3과 같이 입력하고 [확인] 버튼을 클릭하면 그림 2.4와 같은
분산 분석표가 작성됩니다.

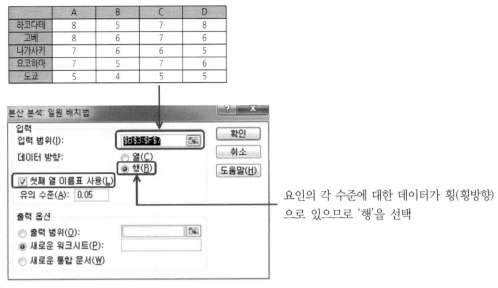

	A	B	C	D
하코다테	8	5	7	8
고베	8	6	7	6
나가사키	7	6	6	5
요코하마	7	5	7	6
도쿄	5	4	5	5

분산 분석: 일원 배치법

입력

입력 범위(I):

데이터 방향: ○ 열(C) ⦿ 행(R)

☑ 첫째 열 이름표 사용(L)

유의 수준(A): 0.05

확인 취소 도움말(H)

출력 옵션

○ 출력 범위(O):

⦿ 새로운 워크시트(P):

○ 새로운 통합 문서(W)

요인의 각 수준에 대한 데이터가 횡(횡방향)으로 있으므로 '행'을 선택

그림 2.3 분산 분석 : 일원 배치의 입력

분산 분석 : 일원 배치법

요약표

인자의 수준	관측수	합	평균	분산
하코다테	4	28	7	2.000
고베	4	27	6.75	0.917
나가사키	4	24	6	0.667
요코하마	4	25	6.25	0.917
도쿄	4	19	4.75	0.250

분산 분석

변동의 요인	제곱합	자유도	제곱 평균	F 비	P-값	F 기각치
처리	12.3	4	3.075	3.237	0.042	3.056
잔차	14.25	15	0.95			
계	26.55	19				

'처리'가 요인, '잔차'가 오차

그림 2.4 분산 분석표

분산 분석표에서 변동의 요인 '처리'의 P-값이 0.042로 15%(0.15) 이하가 되므로 요인에 의한 효과가 있다고 판단할 수 있습니다. 즉, 장소에 따라 야경의 평가에 차이가 있다고 볼 수 있습니다.

이와 같이 P-값을 구하는 것이 분산 분석의 목적이라고 말할 수 있습니다. 다음에 분산 분석의 순서에 따라서 P-값을 구하는 방법을 설명합니다.

〈분산 분석의 순서〉

① 데이터 전체의 변동을 '요인에 의한 변동'과 '오차에 의한 변동'으로 분해한다.

▼

② 각각의 변동에서 '요인의 분산'과 '오차의 분산'을 계산한다.

▼

③ '요인의 분산'과 '오차의 분산'의 비로 '분산비'를 구한다.

▼

④ '분산비'로 P-값을 구한다.

(1) 데이터 전체의 변동을 '요인에 의한 변동'과 '오차에 의한 변동'으로 분해한다.

표 2.1에서 하코다테부터 도쿄까지 각각의 평균을 구하면 그림 2.5와 같으며, 총평균은 6.15 입니다. 수준마다 평균치와 총평균의 차이를 꺾은선 그래프로 나타내면 그림 2.6과 같습니다.

데이터	A	B	C	D	평균	총평균과의 차
하코다테	8	5	7	8	7	0.85
고베	8	6	7	6	6.75	0.6
나가사키	7	6	6	5	6	-0.15
요코하마	7	5	7	6	6.25	0.1
도쿄	5	4	5	5	4.75	-1.4
				총평균	6.15	

그림 2.5 수준마다의 평균과 총평균과의 차이

그림 2.6 총평균에서의 차이

그림 2.1의 요인효과도보다 그림 2.6의 요인효과도 쪽이 수준에 따라 평가가 다르다는 것을 쉽게 알 수 있습니다.

이 수준마다의 평균치와 총평균과의 차이는 각 수준의 데이터를 총평균에서 높거나 낮은 양으로 볼 수 있습니다. 예를 들면 하코다테의 평균치 7과 총평균 6.15의 차이 0.85는 하코다테의 데이터가 총평균 6.15보다 0.85만큼 높다고 할 수 있습니다. 마찬가지로 도쿄의 평균치 4.75와 총평균 6.15의 차이 −1.4는 도쿄의 데이터가 총평균에서 1.4만큼 낮다는 것이 됩니다.

이와 같이 생각하면 A씨의 하코다테 평가 결과인 데이터 8은 총평균 6.15에 0.85를 더한 수준마다의 평균치로, 이것은 데이터에 의하여 평균치에서 벗어나 흩어진 양 1을 더한 결과로 간주할 수 있습니다.

A씨의 하코다테의 평가 8＝총평균 6.15＋하코다테의 평균치와 총평균과의 차이 0.85＋1

마찬가지로 D씨의 도쿄의 평가 5는 총평균에서 1.4를 빼고 0.25를 더한 값입니다.

D씨의 도쿄의 평가 5＝총평균 6.15＋도쿄의 평균치와 총평균과의 차이-1.4＋0.25

이와 같이 분산 분석에서는 데이터를 분해하여 고려합니다. 그래서 요인의 수준마다 평균치와 총평균의 차이를 '요인에 의한 변화', 데이터와의 차이를 '오차에 의한 변화'로 평가합니다.
이 관계를 일반적인 식으로 나타내면

데이터＝총평균＋요인에 의한 변화＋오차에 의한 변화

가 됩니다. 이것을 모든 데이터에 적용하면 다음과 같습니다.

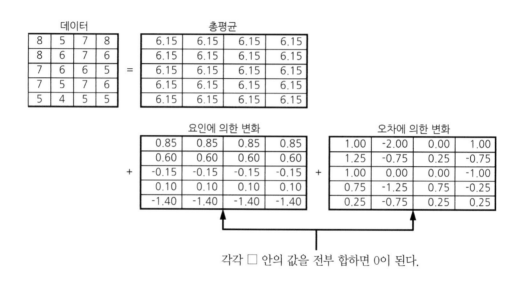

그림 2.7 데이터의 분해

여기서 '요인에 의한 변화'가 '오차에 의한 변화'에 비하여 매우 크다고 하면 요인의 효과가 있다고 판단할 수 있습니다. 이것이 분산 분석의 방식입니다. 이를 위해서는 '요인에 의한 변화'와 '오차에 의한 변화'를 각각 합계하여 비교하면 간단하지만, 그림 2.7의 데이터를 각각 합계하면 양쪽 모두 0이 되어 비교할 수가 없습니다. 총평균을 기준으로 하여 데이터를 분해하기 위해 합계하면 총평균과의 차이가 0이 되기 때문입니다.

'요인에 의한 변화'와 '오차에 의한 변화' 양쪽 모두의 수치에 ±가 혼재되어 있습니다. 따라서 부호가 같아지도록 하기 위하여 모든 수치에 2승을 하면, 각각 합계하여 크기를 비교하는 것이 가능해집니다.

요인에 의한 변화				2승	요인에 의한 변화 : 합계 12.3			
0.85	0.85	0.85	0.85		0.7225	0.7225	0.7225	0.7225
0.60	0.60	0.60	0.60		0.36	0.36	0.36	0.36
-0.15	-0.15	-0.15	-0.15	=	0.0225	0.0225	0.0225	0.0225
0.10	0.10	0.10	0.10		0.01	0.01	0.01	0.01
-1.40	-1.40	-1.40	-1.40		1.96	1.96	1.96	1.96

오차에 의한 변화				2승	오차에 의한 변화 : 합계 14.25			
1.00	-2.00	0.00	1.00		1	4	0	1
1.25	-0.75	0.25	-0.75		1.5625	0.5625	0.0625	0.5625
1.00	0.00	0.00	-1.00	=	1	0	0	1
0.75	-1.25	0.75	-0.25		1.5625	1.5625	0.5625	0.0625
0.25	-0.75	0.25	0.25		0.0625	0.5625	0.0625	0.0625

그림 2.8 '요인에 의한 변화'와 '오차에 의한 변화'의 값을 2승

이 2승한 값이 '변동(제곱합)'입니다. 요인에 의한 변동, 오차에 의한 변동을 각각 합계하면 12.3과 14.25가 되는데, 이것은 그림 2.4의 분산 분석표에서 '처리', '잔차'의 변동으로 산출된 값과 일치합니다.

분산 분석

변동의 요인	제곱합		자유도	제곱 평균	F 비	P-값	F 기각치
처리	12.3	÷	4	3.075	3.237	0.042	3.056
잔차	14.25	÷	15	0.95			
계	26.55		19				

그림 2.9 분산 분석표(그림 2.4의 일부)

요인에 의한 변동 12.3과 오차에 의한 변동 14.25의 합은 26.55로, 분산 분석표에 있는 합계의 변동과 일치하고 있습니다. 이것은 전체의 변동, 즉 모든 데이터(표 2.1)의 평균치 6.15와의 차이(그림 2.10)를 2승한 값의 합계(그림 2.11)와 같습니다.

편차	A	B	C	D
하코다테	1.85	-1.15	0.85	1.85
고베	1.85	-0.15	0.85	-0.15
나가사키	0.85	-0.15	-0.15	-1.15
요코하마	0.85	-1.15	0.85	-0.15
도쿄	-1.15	-2.15	-1.15	-1.15

※ 평균치와의 차이를 '편차'라고 합니다.

그림 2.10 모든 데이터의 평균치와의 차이

총변동	A	B	C	D
하코다테	3.4225	1.3225	0.7225	3.4225
고베	3.4225	0.0225	0.7225	0.0225
나가사키	0.7225	0.0225	0.0225	1.3225
요코하마	0.7225	1.3225	0.7225	0.0225
도쿄	1.3225	4.6225	1.3225	1.3225

총합계

총변동
26.55

※ 데이터 전체의 변동을 '총 변동'이라고 합니다.

그림 2.11 그림 2.10의 값을 2승한 표

(2) 각각의 변동에서 '요인의 분산'과 '오차의 분산'을 계산한다.

데이터 개수가 많으면 많을수록 변동은 커집니다. 이것은 통계적인 비교를 하기에는 적절하지 않기 때문에 비교하기 전에 데이터 개수에 의한 영향을 없앨 필요가 있습니다. 일반적으로 수치를 데이터 개수로 나누어, 1데이터마다 수치화하면 데이터 개수에 의한 영향을 없앨 수 있습니다. 그러나 변동에서는 그 통계적인 성질 때문에 데이터 개수가 아닌 '데이터 개수-1'로 정의되는 자유도라고 하는 수치로 나눌 필요가 있습니다. 변동을 자유도로 나눈 수치를 제곱 평균(이 책에서는 '분산'으로 한다)이라고 합니다.

요인의 자유도는 요인의 수준개수를 데이터 개수로 하는데, 이 예에서는 다음과 같습니다.

요인의 자유도=데이터 개수-1=5-1=4

따라서, 요인의 분산(제곱 평균)은 다음과 같습니다.

요인의 분산=요인의 변동/자유도=12.3/4=3.075

오차의 자유도는 데이터 전체의 자유도에서 요인의 자유도를 빼서 구합니다.

오차의 자유도=데이터 전체의 자유도-요인의 자유도
=(모든 데이터개수-1)-요인의 자유도
=(20-1)-4=19-4=5

따라서 오차(잔차)의 분산은 다음과 같습니다.

오차의 분산= 오차의 변동/오차의 자유도=14.25/15=0.95

분산 분석

변동의 요인	제곱합		자유도	제곱 평균	F 비	P-값	F 기각치
처리	12.3	÷	4	3.075	3.237	0.042	3.056
잔차	14.25	÷	15	0.95			
계	26.55		19				

그림 2.12 분산의 산출 경과(그림 2.4의 일부)

(3) '요인의 분산' 크기를 '오차의 분산' 크기와 비교한다(분산비를 구한다).

분산에는 편리한 성질이 있습니다. 같은 크기의 분산의 비를 취하면, 그 비(분산비)는 F분포라는 통계적인 분포에 따르게 됩니다. 여기서는 F분포에 대한 상세한 설명은 생략하지만, 이 분포를 이용하면, 어느 분산비의 값이 '발생하는 확률'을 계산할 수 있습니다. 이 확률 값이 분산 분석표의 'P-값'이 됩니다.

P-값을 구하기 위하여 요인의 분산과 오차의 분산에 대한 F비(이 책에서는 '분산비'라 한다)를 구합니다.

분산비=요인의 분산/오차의 분산=3.075/0.95=3.237

(4) 분산비에서 P-값을 구한다.

구한 분산비에서 F분포의 수식을 계산하면 P-값을 구할 수 있습니다. 물론 Excel의 분석 툴에서는 자동으로 계산되므로 우리는 계산결과가 15%보다 크거나 작은 것을 판단하기만 하면 됩니다.

Excel에는 P-값을 구하는 함수가 있습니다. 여기서는 Excel의 함수를 사용하는 것을 포함하여 P-값을 구하는 방법을 소개합니다.

분산비에서 P-값을 구하는 것은 Excel의 'FDIST 함수'입니다. 인수(함수에 입력하는 수치)에는 분산비와 요인 및 오차의 자유도를 입력합니다. 분산비(F비) 3.237, 요인의 자유도 4, 오차(잔차)의 자유도 15를 사용하여 Excel의 임의 셀에 아래와 같이 입력합니다.

=FDIST(3.237, 4, 15)

그림 2.13과 같이 P-값이 0.042⋯로 계산됩니다. 당연히 이 값은 그림 2.4의 분산 분석표의 P-값과 일치합니다.

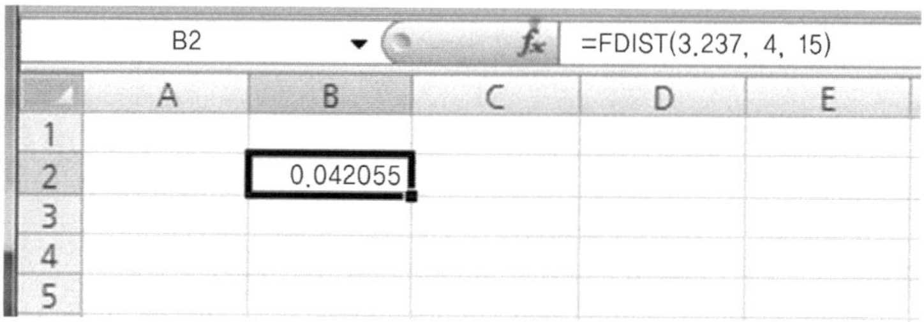

그림 2.13 P-값

분산 분석

변동의 요인	제곱합	자유도		제곱 평균	F 비	P-값	F 기각치
처리	12.3	÷	4	3.075	3.237	0.042	3.056
잔차	14.25	÷	15	0.95			
계	26.55		19				

※ 분산 분석표의 우측 끝에 'F 기각치'로 표시된 값이 있다. 이 값은 P-값이 5%(0.05)가 되는 분산비(F비)를 나타낸 것이다. 요인계획이 발전한 공업 분야에서는 이 책에서 사용하고 있는 15%라는 판정치가 아닌 보다 엄격한 5%의 판정치를 사용하는 것이 일반적이다. 이 때문에 Excel과 같이 편리한 툴이 없던 시대에는 이 기각치를 수치표 등에서 주어 구한 분산비와 비교하는 것으로 분산 분석 결과를 판정하였다. 그러나 P-값을 간단하게 구할 수 있다면, 이 값은 필요가 없다. Excel은 친절하게도 옛날 그대로의 양식을 답습하여 이 값을 보여 주고 있는 것이다.

그림 2.14 분산 분석표(그림 2.4의 일부)

이상과 같이 분산 분석에 의하여 P-값을 산출함으로써, 요인의 효과 유무를 판단할 수 있습니다. 다음 절에서는 요인이 2개인 2요인 계획법의 사례를 소개하는데, 요인의 개수가 늘어나도 기본은 변하지 않습니다. 요인 각각에 의한 분산과 오차에 의한 분산을 산출하여, 각각의 분산비에서 구해지는 P-값으로 요인의 영향을 평가합니다.

2.2 요인이 2개인 경우의 분산 분석

2요인의 요인계획을 '2요인 계획법' 또는 '2원 배치실험(이원 배치실험)'이라 부릅니다. 여기서는 요인이 2개인 경우의 야경에 관한 앙케트 결과에서의 분산 분석을 살펴보도록 하겠습니다.

표 2.2는 여러 명이 하코다테, 고베, 나가사키, 요코하마, 도쿄의 야경에 대하여 계절별로 평가점(10점 만점)을 앙케트로 받은 결과를 평균치로 정리한 데이터입니다.

표 2.2 계절별 야경의 평가

	봄	여름	가을	겨울
하코다테	6.4	7.8	7.0	5.4
고베	7.9	6.1	7.6	6.2
나가사키	6.6	5.1	7.2	6.1
요코하마	6.9	5.8	6.9	4.6
도쿄	5.0	4.7	5.1	3.8

이것은 5수준의 '장소'와 4수준의 '계절'이라고 하는 2개의 요인에 대한 요인계획입니다. 요인효과도인 꺾은선 그래프는 그림 2.15와 같습니다.

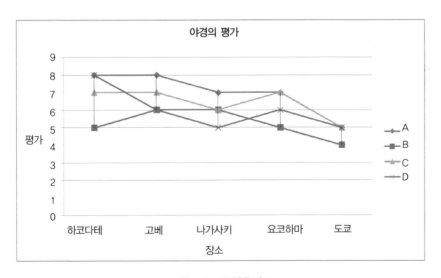

그림 2.15 요인효과도

그래프에서는 장소에 따라서, 계절에 따라서 평가점에 차이가 있는 것으로 나타났습니다. Excel의 분석 툴인 '분산 분석 : 반복하지 않는 이원 배치'를 사용한 분산 분석의 결과는 그림 2.16과 같습니다.

분산 분석 : 반복 없는 이원 배치법

요약표	관측수	합	평균	분산
하코다테	4	26.6	6.65	1.023
고베	4	27.8	6.95	0.870
나가사키	4	25	6.25	0.790
요코하마	4	24.2	6.05	1.203
도쿄	4	18.6	4.65	0.350
봄	5	32.8	6.56	1.093
여름	5	29.5	5.9	1.435
가을	5	33.8	6.76	0.933
겨울	5	26.1	5.22	1.042

분산 분석

변동의 요인	제곱합	자유도	제곱 평균	F 비	P-값	F 기각치
인자 A(행)	12.608	4	3.152	6.999	0.0038	3.259
인자 B(열)	7.306	3	2.435	5.408	0.0138	3.490
잔차	5.404	12	0.450			
계	25.318	19				

행은 장소, 열은 계절　　　　　　　　　　P-값이 15% 이하이므로 장소와
　　　　　　　　　　　　　　　　　　　　계절 모두 요인의 효과가 있다.

그림 2.16 분산 분석 결과

　'장소'와 '계절' 모두 P-값이 15% 이하이므로 여기서의 요인도 평가점에 대하여 효과가 있다는 결과로 나타났습니다.

　1요인일 때와 마찬가지로 이 분산 분석에서는 다음과 같이 데이터를 분해하여 생각합니다.

데이터=총평균+요인에 의한 변화+오차에 의한 변화

　단, 이번의 예에서는 '요인에 의한 변화'를 2개의 요인에 의한 변화로 다시 분해할 수 있으므로

데이터=총평균+장소에 의한 변화+계절에 의한 변화+오차에 의한 변화

가 됩니다. 각각의 요인에 의한 변화는 요인이 1개인 경우(그림 2.5)와 마찬가지로 각 요인의 수준마다 평균치와 총평균의 차이를 구하고, 오차에 의한 변화는 데이터에서 요인에 의한 변화를 빼서 구합니다(그림 2.17).

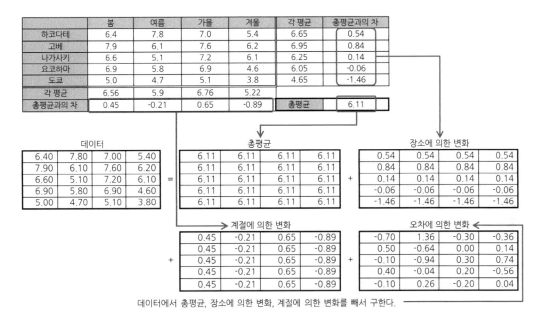

	봄	여름	가을	겨울	각 평균	총평균과의 차
하코다테	6.4	7.8	7.0	5.4	6.65	0.54
고베	7.9	6.1	7.6	6.2	6.95	0.84
나가사키	6.6	5.1	7.2	6.1	6.25	0.14
요코하마	6.9	5.8	6.9	4.6	6.05	-0.06
도쿄	5.0	4.7	5.1	3.8	4.65	-1.46
각 평균	6.56	5.9	6.76	5.22		
총평균과의 차	0.45	-0.21	0.65	-0.89	총평균	6.11

데이터
6.40	7.80	7.00	5.40
7.90	6.10	7.60	6.20
6.60	5.10	7.20	6.10
6.90	5.80	6.90	4.60
5.00	4.70	5.10	3.80

총평균
6.11	6.11	6.11	6.11
6.11	6.11	6.11	6.11
6.11	6.11	6.11	6.11
6.11	6.11	6.11	6.11
6.11	6.11	6.11	6.11

장소에 의한 변화
0.54	0.54	0.54	0.54
0.84	0.84	0.84	0.84
0.14	0.14	0.14	0.14
-0.06	-0.06	-0.06	-0.06
-1.46	-1.46	-1.46	-1.46

계절에 의한 변화
0.45	-0.21	0.65	-0.89
0.45	-0.21	0.65	-0.89
0.45	-0.21	0.65	-0.89
0.45	-0.21	0.65	-0.89
0.45	-0.21	0.65	-0.89

오차에 의한 변화
-0.70	1.36	-0.30	-0.36
0.50	-0.64	0.00	0.14
-0.10	-0.94	0.30	0.74
0.40	-0.04	0.20	-0.56
-0.10	0.26	-0.20	0.04

데이터에서 총평균, 장소에 의한 변화, 계절에 의한 변화를 빼서 구한다.

그림 2.17 수준마다의 평균과 총평균과의 차이

따라서 장소·계절·오차에 의한 변동에 대해서는 각각 변화한 값을 2승하여 합계한 것으로 구합니다.

장소에 의한 변화 — = — 2승 — **장소에 의한 변화 : 합계=12.608**

0.54	0.54	0.54	0.54		0.2916	0.2916	0.2916	0.2916
0.84	0.84	0.84	0.84		0.7056	0.7056	0.7056	0.7056
0.14	0.14	0.14	0.14	=	0.0196	0.0196	0.0196	0.0196
-0.06	-0.06	-0.06	-0.06		0.0036	0.0036	0.0036	0.0036
-1.46	-1.46	-1.46	-1.46		2.1316	2.1316	2.1316	2.1316

계절에 의한 변화 — 2승 — **계절에 의한 변화 : 합계=7.306**

0.45	-0.21	0.65	-0.89		0.2025	0.0441	0.4225	0.7921
0.45	-0.21	0.65	-0.89		0.2025	0.0441	0.4225	0.7921
0.45	-0.21	0.65	-0.89	=	0.2025	0.0441	0.4225	0.7921
0.45	-0.21	0.65	-0.89		0.2025	0.0441	0.4225	0.7921
0.45	-0.21	0.65	-0.89		0.2025	0.0441	0.4225	0.7921

오차에 의한 변화 — 2승 — **오차에 의한 변화 : 합계=5.404**

-0.70	1.36	-0.30	-0.36		0.4900	1.8496	0.0900	0.1296
0.50	-0.64	0.00	0.14		0.2500	0.4096	0.0000	0.0196
-0.10	-0.94	0.30	0.74	=	0.0100	0.8836	0.0900	0.5476
0.40	-0.04	0.20	-0.56		0.1600	0.0016	0.0400	0.3136
-0.10	0.26	-0.20	0.04		0.0100	0.0676	0.0400	0.0016

그림 2.18 변동의 산출

2승한 각 요소의 총합계에서 구해지는 변동은 다음과 같습니다(그림 2.18).

장소의 변동=12.608
계절의 변동=7.306
오차의 변동=5.404

분산에서도 1요인일 때와 마찬가지로 변동을 자유도로 나누어 구합니다. 자유도는

장소의 자유도=수준개수-1=5-1=4
계절의 자유도=수준개수-1=4-1=3
오차의 자유도=(모든 데이터의 자유도-1)-장소의 자유도-계절의 자유도
　　　　　　=(20-1)-4-3=12

가 됩니다. 이에 따라서,

장소에 분산=장소의 변동/장소의 자유도=12.608/4=3.152
계절의 분산=계절의 변동/계절의 자유도=7.306/3=2.435

오차의 분산＝오차의 변동/오차의 자유도＝5.404/12＝0.450

가 구해집니다. 분산비는 요인 각각에 대하여 구하는데, 장소의 분산비는 장소의 분산과 오차의 분산의 비를, 계절의 분산비는 계절의 분산과 오차의 분산의 비가 됩니다.

장소의 분산비＝장소의 분산/오차의 분산＝3.152/0.450＝6.999
계절의 분산비＝계절의 분산/오차의 분산＝2.435/0.450＝5.408

이상의 값은 전부 그림 2.16의 분산 분석표의 값과 일치하는 것을 알 수 있습니다.

분산 분석

변동의 요인	제곱합	자유도	제곱 평균	F 비	P-값	F 기각치
인자 A(행)	12.608	4	3.152	6.999	0.0038	3.259
인자 B(열)	7.306	3	2.435	5.408	0.0138	3.490
잔차	5.404	12	0.450			
계	25.318	19				

행은 장소, 열은 계절

그림 2.19 분산 분석표(그림 2.16의 일부)

즉, 1요인 계획의 분산 분석과의 차이는 분산비(F 비) 및 P-값을 '요인 각각에 대하여' 구한 것뿐입니다. 분산비를 구하면 P-값이 구해져, 요인의 효과 유무를 판단할 수 있습니다.

2.3 요인이 3개인 경우의 분산 분석

Excel의 분석 툴은 2요인까지의 분산 분석밖에 대응할 수 없지만, 분산 분석은 기본적으로 요인이 3개 이상인 경우에서도 실시할 수 있습니다('다요인 계획법' 또는 '다원 배치실험'이라고 합니다).

요인개수가 많은 경우는 분산 분석에 의한 요인계획보다도 라틴 방진이나 직교표를 사용하여 실험횟수를 줄인 요인계획을 실시하는 쪽이 훨씬 효율적입니다. 무리하게 다원 배치실험을 할 필요는 없습니다. Excel에서 분산 분석을 2요인까지밖에 대응하지 않은 것은 이런 이유에서 입니다. 그렇지만 3요인 정도면 실험횟수나 조사 항목개수도 허용할 수 있는 범위입니다.

따라서 여기서는 Excel의 1요인 계획의 분산 분석을 이용하여 3요인의 분산 분석을 비교적 효율적으로 실시하는 방법을 소개합니다.

앞의 절에서 실시한 표 2.2에 대한 2요인의 분산 분석을 1요인씩 나누어 실시합니다. 즉, Excel의 분석 툴로 '분산 분석 : 일원 배치'를 '장소', '계절'에 대하여 각각 실시한다는 것입니다. 구해진 분산 분석표를 그림 2.20에 표시합니다.

그림 2.21을 그림 2.16의 2요인에 대한 분산 분석표와 비교해보면, 같은 요인에 대한 변동이 일치하고 있습니다. 분산 분석은 1요인으로 분석하여도 2요인으로 분석하여도 같은 요인에 대한 변동·자유도·분산의 값은 같아지는 성질이 있습니다. 이것은 보다 요인개수가 많은 '다요인'의 분석에서도 성립됩니다.

① 장소(행)에서의 1요인의 분석

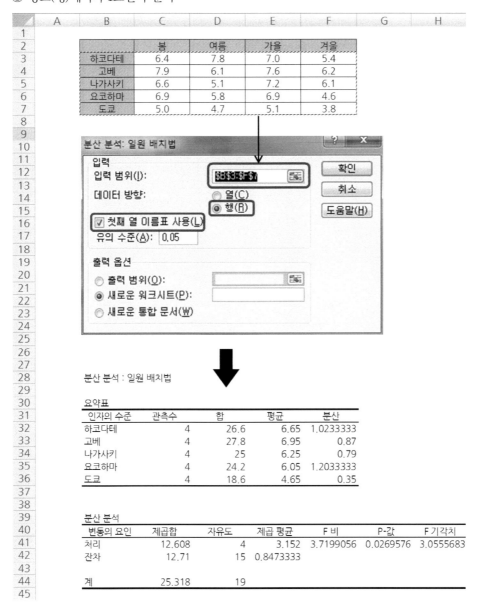

	봄	여름	가을	겨울
하코다테	6.4	7.8	7.0	5.4
고베	7.9	6.1	7.6	6.2
나가사키	6.6	5.1	7.2	6.1
요코하마	6.9	5.8	6.9	4.6
도쿄	5.0	4.7	5.1	3.8

분산 분석: 일원 배치법

입력
입력 범위(I): $B$3:$F$7
데이터 방향: ○ 열(C)
                    ◉ 행(R)
☑ 첫째 열 이름표 사용(L)
유의 수준(A): 0.05

출력 옵션
○ 출력 범위(O):
◉ 새로운 워크시트(P):
○ 새로운 통합 문서(W)

확인
취소
도움말(H)

분산 분석 : 일원 배치법

요약표

인자의 수준	관측수	합	평균	분산
하코다테	4	26.6	6.65	1.0233333
고베	4	27.8	6.95	0.87
나가사키	4	25	6.25	0.79
요코하마	4	24.2	6.05	1.2033333
도쿄	4	18.6	4.65	0.35

분산 분석

변동의 요인	제곱합	자유도	제곱 평균	F 비	P-값	F 기각치
처리	12.608	4	3.152	3.7199056	0.0269576	3.0555683
잔차	12.71	15	0.8473333			
계	25.318	19				

그림 2.20 2요인의 데이터를 1요인씩 분산 분석

② 계절에서의 1요인의 분석

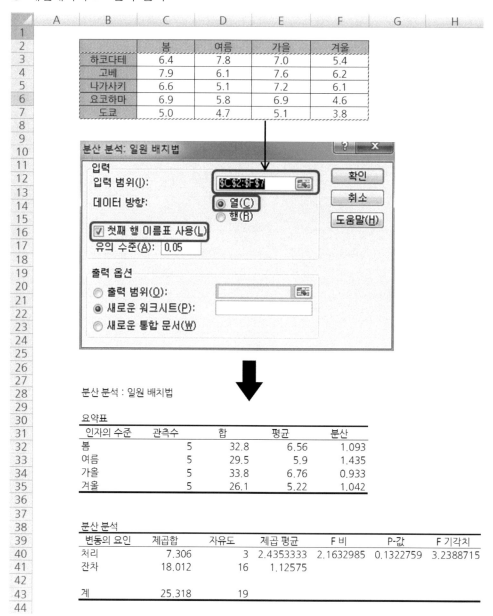

	봄	여름	가을	겨울
하코다테	6.4	7.8	7.0	5.4
고베	7.9	6.1	7.6	6.2
나가사키	6.6	5.1	7.2	6.1
요코하마	6.9	5.8	6.9	4.6
도쿄	5.0	4.7	5.1	3.8

분산 분석 : 일원 배치법

요약표

인자의 수준	관측수	합	평균	분산
봄	5	32.8	6.56	1.093
여름	5	29.5	5.9	1.435
가을	5	33.8	6.76	0.933
겨울	5	26.1	5.22	1.042

분산 분석

변동의 요인	제곱합	자유도	제곱 평균	F 비	P-값	F 기각치
처리	7.306	3	2.4353333	2.1632985	0.1322759	3.2388715
잔차	18.012	16	1.12575			
계	25.318	19				

그림 2.20 2요인의 데이터를 1요인씩 분산 분석(계속)

① 장소의 분산 분석표

분산 분석

변동의 요인	제곱합	자유도	제곱 평균	F 비	P-값	F 기각치
장소	12.608	4	3.152	3.7199056	0.0269576	3.0555683
잔차	12.71	15	0.8473333			
계	25.318	19				

② 계절의 분산 분석표

분산 분석

변동의 요인	제곱합	자유도	제곱 평균	F 비	P-값	F 기각치
계절	7.306	3	2.4353333	2.1632985	0.1322759	3.2388715
잔차	18.012	16	1.12575			
계	25.318	19				

그림 2.21 분산 분석표(변동요인의 명칭을 알기 쉽게 변경하였다)

분산 분석

변동의 요인	제곱합	자유도	제곱 평균	F 비	P-값	F 기각치
장소	12.608	4	3.152	6.999	0.0038	3.259
계절	7.306	3	2.435	5.408	0.0138	3.490
잔차	5.404	12	0.450			
계	25.318	19				

그림 2.22 2요인의 분산 분석표(그림 2.16의 일부, 변동요인의 명칭은 변경)

따라서 3요인의 분산 분석표는 1요인의 분산 분석을 3번 실시하면 작성할 수 있습니다(그림 2.16, 2.20, 2.21의 합계에 대한 변동도 같으므로, 3요인의 '오차의 변동'은 '합계의 변동'에서 '요인의 변동'을 빼서 구한다는 것도 알 수 있습니다).

이 방법을 이용하여 다음과 같은 3요인 계획에 대한 분산 분석표를 작성하여 봅시다. 표 2.3은 어느 상품에 대한 판매촉진책과 매출액의 데이터입니다.

표 2.3 판촉과 매출액

광고	AC(Auto Call)	지속기간		
		1개월	2개월	3개월
전단지	있음	60	66	77
	없음	67	80	83
카탈로그	있음	75	76	90
	없음	80	87	89
POP	있음	64	66	71
	없음	64	65	66

※ AC란 Auto Call(전화의 자동발신에 의한 유저용 광고방법)을 말함

이것은 3수준의 '광고', 2수준의 'AC(Auto Call)', 3수준의 '지속기간'이라는 3개의 요인에 대한 요인계획입니다.

이 분산 분석표를 작성하기 위하여 1요인의 분산 분석을 3번 실시합니다. 이를 위해서는 우선 다음과 같이 데이터를 1요인씩 표기한 3개의 표를 작성합니다. 이와 같은 표를 1원표(일원표)라고 합니다.

① 요인 '광고'의 1원표

광고	전단지	전용 카탈로그	POP
데이터	60	75	64
	66	76	66
	77	90	71
	67	80	64
	80	87	65
	83	89	66

② 요인 'AC'의 1원표

AC	있음	없음
데이터	60	67
	66	80
	77	83
	75	80
	76	87
	90	89
	64	64
	66	65
	71	66

③ 요인 '지속기간'의 1원표

지속기간	1개월	2개월	3개월
데이터	60	66	77
	67	80	83
	75	76	90
	80	87	89
	64	66	71
	64	65	66

그림 2.23 1요인식의 표(1원표)

각각의 표에 대하여 Excel의 분석 툴인 '분산 분석 : 일원 배치'를 실시하면 다음과 같은 분산 분석표를 얻을 수 있습니다.

① '광고'의 분산 분석표

변동의 요인	제곱합	자유도	제곱 평균	F 비	P-값	F 기각치
처리	870.33	2	435.167	9.718	0.0020	3.682
잔차	671.67	15	44.778			
계	1542	17				

② 'AC'의 분산 분석표

변동의 요인	제곱합	자유도	제곱 평균	F 비	P-값	F 기각치
처리	72	1	72	0.784	0.3891	4.494
잔차	1470	16	91.875			
계	1542	17				

③ '지속기간'의 분산 분석표

변동의 요인	제곱합	자유도	제곱 평균	F 비	P-값	F 기각치
처리	364	2	182	2.317	0.1327	3.682
잔차	1178	15	78.533			
계	1542	17				

그림 2.24 1요인의 분산 분석표

이 분산 분석표에서 요인에 대한 변동(제곱합)·자유도·분산(제곱평균)과 합계에 대한 변동·자유도를 추출하여, 그림 2.25와 같이 새로운 분산 분석에 입력합니다.

분산분석표 [3요인]

변동의 요인	제곱합	자유도	제곱 평균	F 비	P-값	F 기각치
광고	870.33	2	435.167	(4)	(7)	(10)
AC(Auto Call)	72	1	72	(5)	(8)	(11)
지속기간	364	2	182	(6)	(9)	(12)
잔차	(1)	(2)	(3)			
계	1542	17				

그림 2.25 분산 분석표(3요인)

분산 분석표에서 비어 있는 (1)~(12)의 값을 다음과 같이 계산합니다.

(1) 오차의 변동=합계의 변동−광고의 변동−AC의 변동−지속기간의 변동

$$=1542-870.33-72-364=235.67$$

(2) 오차의 자유도＝합계의 자유도－광고의 자유도－AC의 자유도－지속기간의 자유도

$$=17-2-1-2=12$$

(3) 오차의 분산＝오차의 변동/오차의 자유도＝235.67/12＝19.639

(4) 광고의 분산비＝광고의 분산/오차의 분산＝435.167/19.639＝22.158

(5) AC의 분산비＝AC의 분산/오차의 분산＝72/19.639＝3.666

(6) 지속기간의 분산비＝지속기간의 분산/오차의 분산＝182/19.639＝9.267

구해진 분산비로 각각의 P-값을 Excel의 함수를 사용하여 구합니다. 다음에 표시하는 FDIST함수를 사용한 식을 Excel의 임의의 셀에 각각 입력하여 구합니다.

(7) 광고의 P-값＝FDIST(22.158, 2, 12)⇒0.0001

(8) AC의 P-값＝FDIST(3.666, 1, 12)⇒0.0797

(9) 지속시간의 P-값＝FDIST(9.267, 2, 12)⇒0.0037

특별히 필요는 없지만 F 경계치도 Excel의 함수(FINV 함수)로 다음과 같이 구합니다.

(10) 광고의 F경계치＝FINV(0.05, 2, 12)⇒3.885

(11) AC의 F경계치＝FINV(0.05, 1, 12)⇒4.747

(12) 지속시간의 F경계치＝FINV(0.05, 2, 12)⇒3.885

구해진 값을 기입하면 그림 2.26과 같은 분산 분석표가 완성됩니다.

분산 분석표 [3요인]

변동의 요인	제곱합	자유도	제곱 평균	F 비	P-값	F 기각치
광고	870.33	2	435.167	22.158	0.0001	3.885
AC(Auto Call)	72	1	72	3.666	0.0797	4.747
지속기간	364	2	182	9.267	0.0037	3.885
잔차	235.67	12	19.639			
계	1542	17				

그림 2.26 3요인의 분산 분석표

'광고', '지속시간', 'AC' 모두 P-값이 15%(0.15) 이하이므로, 매출액에 대하여 효과가 있는 것으로 나타났습니다.

이와 같이 다요인의 분산 분석표도 Excel 분석 툴을 이용하면 비교적 쉽게 작성할 수 있습니다.

정리

· 분산 분석은 변동을 분해하여 고려합니다.

· 요인의 효과가 있는지 없는지는 '요인에 의한 변동'이 '오차에 의한 변동'에 대하여 충분히 큰지를 판단하는 것입니다.

· 분산 분석에서는 '요인에 의한 변동'이 충분히 큰지를 판단하기 위하여 분산비(F비)가 F분포인 통계적인 분포에 따른 원리를 이용하여 P-값을 구합니다.

· Excel에는 3요인 계획을 그대로 분석할 수 있는 툴은 없지만, 1요인 계획의 분산 분석 툴을 이용하면 비교적 효율적으로 분산 분석표를 작성할 수 있습니다.

참고문헌

1. 渕上美喜, 上田太一郎, 古谷都紀子, 『実戦ワークショップ Excel 徹底活用 ビジネスデータ分析』, 秀和システム.
2. 広瀬 健一, 上田太一郎, 『Excelでできるタグチメソッド解析法入門』, 同友館.
3. 上田太一郎, 小林真紀, 渕上美喜, 『Excelで学ぶ回帰分析入門』, Ohm社.
4. 上田太一郎, 『Excelでできるデータマイニング演習』, 同友館.

제3장
1, 2요인 계획의 적용 예

1, 2요인 계획으로 도움이
된 사례를 소개합니다.

지금까지 요인이 적은 경우에 대한 요인계획의 고려 방법과 분산 분석에 의한 해석 내용을 알아봤습니다. 일반적으로 영업 · 기획 · 마케팅의 조사에서 생각하는 요인이 2~3개인 경우는 극히 적기 때문에, 적용하는 요인계획이 많은 요인개수에 대응하지 않으면 안 됩니다. 그렇기 때문에 지금까지 소개한 요인계획보다도 직교표 등을 이용하여 실험횟수(조사 항목개수)를 줄인 실험계획법에 대하여 생각하는 것이 실전에 해당한 다고 할 수 있습니다. 그렇지만 지금까지 소개한 기초적인 요인계획에서도 요인과 수준을 적절한 것을 골랐 다면, 충분히 좋은 결과를 얻을 수 있습니다.

이 장에서는 대상이 되는 요인이 1~2개로 적은 요인계획으로 도움이 되는 결과로 얻은 사례를 소개합니다. 전부 실제로 실시한 앙케트의 결과를 사용한 것이며, 지금까지 소개한 1~2요인의 요인계획을 그대로 적용 하여 해석할 수 있습니다.

제3장
1, 2요인 계획의 적용 예

3.1 인기 있는 데이터 분석의 학습법이란

교육기관이나 교육 관련 업종, 회사 내 교육 부문의 기획담당자에게 사람이 무엇을 배우고자 할 때에 어떤 학습법이 사용자 요구(User needs)에 일치하고, 인기가 있는가 하는 것은 매우 관심이 많습니다. 그러나 학습법에 대한 선택의 폭이 넓어, 어느 것이나 좋게 생각하거나, 어딘가 부족하다고 느낍니다.

그래서 어떤 종류의 학습법이 사용자의 관심을 끌 수 있는지 조사하기 위하여 간단한 앙케트를 실시하였습니다.

① 앙케트의 계획
▼
② 앙케트의 결과와 해석
▼
③ '여성만'의 결과를 해석

3.1.1 앙케트의 계획

앙케트는 어느 정도 데이터 해석에 대하여 흥미가 있는 사람을 대상으로 Data mining과 Taguchi Methods라는 적문적인 '데이터 해석법'을 배우는 방법으로써 '해보고 싶다는 생각 정도를' 5점 만점으로 평가하도록 만들었습니다.

앙케트의 질문 대상으로는 '대표적인 학습방법'과 '학습에서 핵심이 되는 항목'만을 선정하고, 요인계획에 의한 앙케트를 실시하는 것으로 하였습니다.

실제로 선정한 요인과 수준은 표 3.1과 같습니다.

표 3.1 데이터 해석의 효과적인 학습법의 요인과 수준

요인	제1수준	제2수준	제3수준	제4수준
방법	e-learning	강의	통신교육	PC 이용학습
핵심	연습문제가 풍부	제출과제가 풍부	과제의 철저 첨삭	

표 3.2 **계획행렬**

번호	방법	핵심
1	e-learning	연습문제 풍부
2	강의	연습문제 풍부
3	통신교육	연습문제 풍부
4	PC연습 세미나	연습문제 풍부
5	e-learning	제출과제 풍부
6	강의	제출과제 풍부
7	통신교육	제출과제 풍부
8	PC연습 세미나	제출과제 풍부
9	e-learning	과제의 철저 첨삭
10	강의	과제의 철저 첨삭
11	통신교육	과제의 철저 첨삭
12	PC연습 세미나	과제의 철저 첨삭

이 계획행렬의 각 항목에 평가점을 기입하는 칸을 만들어, 그림 3.1과 같이 앙케트 양식으로 조사를 실시하였습니다. 우측에 응답자의 기본 정보(여기서는 연령대와 성별)의 기입 칸을 만드는 것도 포인트 중 하나입니다(뒤에서 상세하게 설명).

안녕하십니까?

데이터마이닝(data mining), 타구치 방법(taguchi method), 다변량 해석 등
데이터 해석법의 효과적인 학습법에 관한 앙케트입니다.
No.1~12에 대하여 '하고 싶다'라는 정도를 5점 만점으로 기입하여 주세요.

No.	방법	핵심	1,2,3,4,5 중에 하나를 기입하세요. 평가		연령대	해당하는 칸에 ○를 기입하세요.
1	e-learning	연습문제 풍부			20대	
2	강의	연습문제 풍부			30대	
3	통신교육	연습문제 풍부			40대	
4	PC연습 세미나	연습문제 풍부			50대	
5	e-learning	제출과제 풍부			60대 이상	
6	강의	제출과제 풍부			성별	
7	통신교육	제출과제 풍부			남성	
8	PC연습 세미나	제출과제 풍부			여성	
9	e-learning	과제의 철저 첨삭				
10	강의	과제의 철저 첨삭				
11	통신교육	과제의 철저 첨삭				
12	PC연습 세미나	과제의 철저 첨삭				

그림 3.1 앙케트 용지

3.1.2 앙케트 결과와 해석

앙케트의 응답은 26인으로부터 받았습니다. 앙케트 결과를 평균치로 정리하면 그림 3.2와
같습니다.

앙케트 결과

방법		핵심		
		연습문제 풍부	제출과제 풍부	과제의 철저 첨삭
방법	e-learning	3.5	3.0	2.4
	강의	3.7	3.1	2.5
	통신교육	3.3	3.2	2.8
	PC연습 세미나	4.0	3.2	2.4

그림 3.2 앙케트 결과

이 결과에서 요인효과도를 꺾은선 그래프로 그리면 그림 3.3과 같습니다.

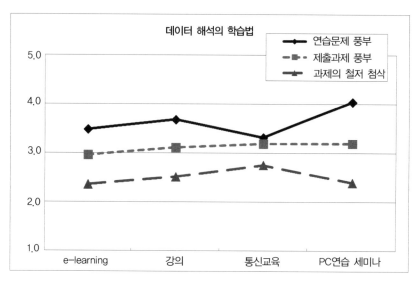

그림 3.3 요인효과도

그래프에서는 '핵심'에 의한 영향에서 평가점이 다른 것을 알 수 있습니다. 그중에서 '연습문제 풍부'의 평가가 높은 것으로 나타났습니다.

Excel의 분석 툴인 '분산 분석 : 반복하지 않는 이원 배치'를 사용하여 분산 분석표를 구하면 그림 3.4와 같습니다(그림에서는 변동요인의 항목을 알기 쉽게 변경하였습니다.).

분산 분석

변동의 요인	제곱합	자유도	제곱 평균	F 비	P-값	F 기각치
방법	0.116	3	0.039	0.760	0.5562	4.757
핵심	2.541	2	1.271	24.978	0.0012	5.143
잔차	0.305	6	0.051			
계	2.963	11				

그림 3.4 분산 분석표

'핵심'의 P-값이 0.0012로 15%(0.15) 이하이므로 효과가 있는 것으로 나타났습니다. 학습방법보다도 그 학습법에서 무엇이 핵심인지가 중요시되는 경우입니다. 사용자는 '어떤 학습법인가'만이 아닌 '또 무엇을 제공해줄까?'를 원하고 있다고 여겨집니다. 이 요인계획은 요인으로써 '학습방법'에 그 부가가치가 되는 '핵심'을 선택하는 데 흥미가 많다는 결과를 확인할 수 있습니다.

핵심 중에서는 '제출과제'나 '과제의 첨삭'이 아닌, '연습과제'가 인기가 많다는 것을 알 수 있었습니다. 숙제 등 시간 외의 학습을 강화하는 학습법보다는 그 시간 내에서 실시하는 연습을 중요시하는 '시간이 없는 현대인'을 반영한 결과라고 할 수 있습니다.

3.1.3 여성만의 결과와 해석

이 앙케트는 앙케트 용지에 응답자의 연령대와 성별을 기입하는 칸을 만들었습니다. 앙케트 응답자의 성별에 의한 내역은 남성 21인, 여성 5인으로 남성의 비율이 높기 때문에 전체의 결과는 남성의 결과를 반영하고 있습니다. 때문에 여성만의 결과에 대하여 해석해보는 것으로 하였습니다.

여성 5인의 앙케트 결과는 그림 3.5와 같습니다.

여성 5인의 결과		핵심		
		연습문제 풍부	제출과제 풍부	과제의 철저 첨삭
방법	e-learning	3.4	3.2	2.6
	강의	3.6	4.0	3.4
	통신교육	3.8	4.4	3.8
	PC연습 세미나	4.2	4.0	3.2

그림 3.5 여성의 앙케트 결과

이 결과를 가지고 요인효과도를 그려보면 그림 3.6과 같습니다.

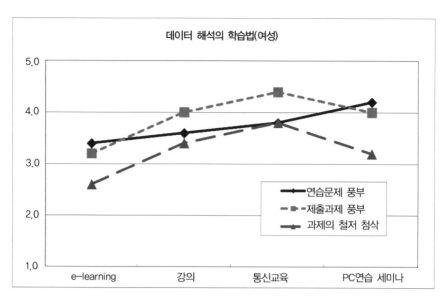

그림 3.6 요인효과도(여성만)

그림 3.3과 달리 여성만의 결과에서는 '제출과제 풍부'라는 핵심의 평가가 높게 나타났습니다. 이 차이는 단순한 오차이거나, 정말 효과가 있는지를 확인하기 위해서라도 분산 분석이 필요합니다. 그림 3.7에 표시한 것은 여성에게만 해당하는 데이터로 실시한 분산 분석표입니다.

분산 분석(여성만)

변동의 요인	제곱합	자유도	제곱 평균	F 비	P-값	F 기각치
방법	1.453	3	0.484	7.148	0.0209	4.757
핵심	0.927	2	0.463	6.836	0.0284	5.143
잔차	0.407	6	0.068			
계	2.787	11				

그림 3.7 분산 분석표(여성만)

'핵심'의 P-값이 0.0284로 15% 미만이므로 '핵심'은 여성의 평가에 효과가 있다고 판정할 수 있습니다. 남성이 지배적인 전체 결과와 다르게 여성의 결과는 분명하게 '제출과제가 풍부'의 평가가 높게 나타났습니다. 여성은 시간 내에서 해결하는 '연습문제'보다 숙제로써 시간이 걸리더라도 차분히 할 수 있는 '제출과제'를 중요시하는 경향이 있다고 분석할 수 있습니다.

또한 전체의 결과에서는 효과가 있다고 할 수 없는 '방법'에 대해서도, 여성의 결과에서는

P-값이 15% 미만으로 평가결과에 효과가 있는 것으로 나타났습니다. 부가가치로써의 '핵심' 만이 아닌 학습법에 관해서도 여성들은 관심이 많다고 볼 수 있습니다.

3.2 맛있는 밥을 짓는 방법

새로운 도시락을 내놓거나 또는 요식업 체인에서 조리법을 표준화하고 싶을 때, 맛있는 것을 만드는 방법을 수치로 정량적으로 평가하려는 욕구도 적지 않습니다.

여기서는 '밥'을 평가대상으로 하여, 맛있는 밥을 짓는 방법에 대하여 실시한 실험 결과를 소개합니다.

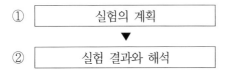

3.2.1 실험 계획

한마디로 '밥의 맛'이라는 그 요인은 무수히 많지만, 이번 실험에서는 설비(밥솥)나 재료와 같은 항목은 아닌 '보다 간편하게 변경할 수 있는 조건'으로 맛있는 밥을 짓기 위한 관점에서 생각합니다.

표 3.3 요인과 수준

요인	제1수준	제2수준	제3수준	제4수준	제5수준
물의 양	2mm 많게	1mm 많게	눈금대로	1mm 작게	2mm 작게
추가하는 것	아무것도 없음	다시마	숯	양쪽 모두	

이 요인과 수준에 의한 계획행렬은 표 3.4와 같습니다.

표 3.4 계획행렬

No.	물의 양	추가하는 것
1	2mm 많게	아무것도 없음
2	2mm 많게	다시마
3	2mm 많게	숯
4	2mm 많게	양쪽 모두
5	1mm 많게	아무것도 없음
6	1mm 많게	다시마
7	1mm 많게	숯
8	1mm 많게	양쪽 모두
9	눈금대로	아무것도 없음
10	눈금대로	다시마
11	눈금대로	숯
12	눈금대로	양쪽 모두
13	1mm 작게	아무것도 없음
14	1mm 작게	다시마
15	1mm 작게	숯
16	1mm 작게	양쪽 모두
17	2mm 작게	아무것도 없음
18	2mm 작게	다시마
19	2mm 작게	숯
20	2mm 작게	양쪽 모두

3.2.2 실험 결과와 해석

실험에서는 밥솥·밥 짓기·쌀의 종류·물의 종류 등 요인의 항목 이외는 모두 같은 조건에서 쌀로 지은 밥을 실제로 피실험자에게 주어 10점 만점으로 맛을 평가해보았습니다.

계획행렬에 따라서 실험을 실시하고, 10인의 피실험자가 평가하여 받은 결과를 평균치로 정리한 것이 그림 3.8입니다.

		추가하는 것			
		없음	다시마	숯	양쪽 모두
물의 양	2mm 적게	7.3	7.2	7.5	7.5
	1mm 적게	7.2	7.4	7.7	7.8
	눈금대로	8.5	8.1	8.8	8
	1mm 많게	8.2	7.5	8.5	8.6
	2mm 많게	7.3	7.4	8.3	8.8

그림 3.8 실험 결과

이 결과에 대한 요인효과도는 그림 3.9와 같습니다.

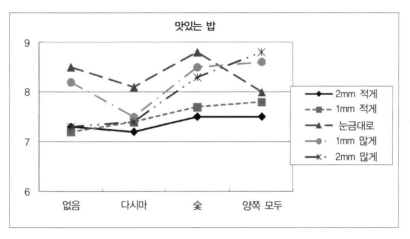

그림 3.9 요인효과도

'물의 양', '추가하는 것' 모두 맛의 평가점에 영향이 있는 것으로 나타났지만, 오차 범위 내에 있는 것으로 보입니다. 분산 분석표를 작성해보면, 그림 3.10과 같습니다.

분산 분석

변동의 요인	제곱합	자유도	제곱 평균	F 비	P-값	F 기각치
물의 양	2.837	4	0.709	5.770	0.0079	3.259
추가하는 것	1.54	3	0.513	4.176	0.0306	3.490
잔차	1.475	12	0.123			
계	5.852	19				

그림 3.10 분산 분석표

‘물의 양’, ‘추가하는 것’ 모두 P-값이 15%(0.15) 이하가 되므로 모든 요인이 맛에 효과가 있다고 판단할 수 있습니다. 요인효과도에 나타난 맛의 차이는 확실히 존재한다고 말할 수 있습니다. 요인효과도에서 밥을 맛있게 하는 방법으로 유효한 것은 ‘숯’의 추가, 물의 양을 ‘눈금대로’와 ‘1mm 많게’ 하는 것이 좋다고 하는 결과로도 알 수 있습니다. 또 ‘다시마’의 추가는 맛에 그리 효과가 없다는 것과 물의 양이 조금 적을 때는 맛이 떨어진다는 결과도 나타났습니다.

[주] 이 결과는 일반적으로 말할 수 있는 결과는 아닙니다. 이번의 실험에서 사용한 재료, 설비라는 조건에 대하여 피실험자는 ‘다시마’는 맛에 그다지 효과가 없었다고 판단했을 뿐입니다.

‘물의 양’과 ‘추가하는 것’의 P-값에 차이가 있으므로, 변동의 크기를 비교하여 각각의 요인에 대한 영향의 크기를 확인합니다. 변동의 원그래프는 그림 3.11과 같습니다.

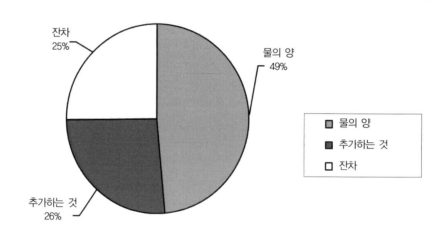

그림 3.11 변동의 원그래프

‘추가하는 것’보다 ‘물의 양’에 대한 영향이 크게 나타났습니다. 이 결과, 만약에 다시마를 넣는 등의 비용은 최소한으로 줄이고 싶다면, 물의 양을 조절하는 것만으로도 밥맛을 유지할 수 있다고 말할 수 있습니다.

3.3 고기만두의 매상을 좌우하는 것은?

메이커, 상사, 판매점에서 취급하는 상품의 매상에 영향을 미치는 것은 무엇인가?에서 관심이 없는 것은 없습니다. 판매를 확대하기 위하여 실시한 활동의 효과인지 또는 날씨 등 자연현상의 영향인지를 정량적으로 파악할 수 있다면 얼마나 도움이 될까요?

여기서는 편의점이나 슈퍼마켓 등에서 잘 팔리는 '고기만두'를 대상으로 광고와 날씨에 따라서 매상에 차이가 있는 것을 조사한 결과에 대하여 소개합니다.

①	조사내용(요인의 계획)

▼

②	조사결과와 해석

3.3.1 조사내용(요인의 계획)

조사는 칸사이(関西)의 어느 지구에서 협력을 받아 점포의 POS 정보에서 입수한 '고기만두'의 매상 데이터를 기초로 실시하였습니다. 요인은 '광고'와 '날씨'로 하고, 각각의 수준을 표 3.5와 같이 결정하였습니다.

표 3.5 요인과 수준

요인	수준1	수준2	수준3
광고	핵심(관심을 끄는 것)	일반적인 것	하지 않음
날씨	비	맑음	

계획행렬은 표 3.6과 같습니다.

표 3.6 계획행렬

No.	광고	날씨
1	관심을 끄는 것	비
2	일반적인 것	비
3	하지 않음	비
4	관심을 끄는 것	맑음
5	일반적인 것	맑음
6	하지 않음	맑음

3.3.2 조사결과와 해석

어느 기간 동안의 고기만두 매상 데이터를 집계하여, 각 항목의 1일마다 평균 매상개수를 정리한 것이 그림 3.12입니다.

		날씨	
		비	맑음
광고	핵심	78	69
	일반	50	48
	없음	45	40

그림 3.12 매상 데이터

이 결과에 대한 요인효과도는 다음과 같습니다.

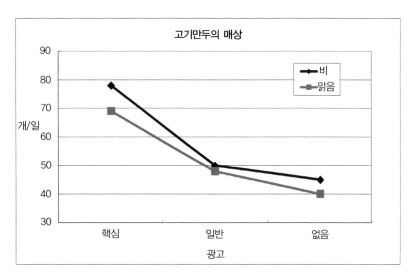

그림 3.13 요인효과도

'광고', '날씨'에 의하여 매상개수에 차이가 있는 것으로 나타났습니다. 특히 광고에 의한 영향이 큰 것을 알 수 있습니다. 분산 분석표는 다음과 같습니다.

분산 분석

변동의 요인	제곱합	자유도	제곱 평균	F 비	P-값	F 기각치
광고	1069	2	534.5	86.676	0.0114	19.000
날씨	42.667	1	42.667	6.919	0.1192	18.513
잔차	12.333	2	6.167			
계	1124	5				

그림 3.14 분산 분석표

'광고', '날씨' 어느 것이나 P-값이 15%(0.15) 이하이므로 매상에 효과가 있다고 판단할 수 있습니다. 비가 오는 날에는 한기를 느끼므로 따뜻한 고기만두가 먹고 싶어진다는 근거가 됩니다.

적은 요인에 대한 해석은 결과가 한정된다는 결점을 부인할 수 없지만, 이와 같이 요인과 수준을 적절하게 선정하면 매우 도움이 되는 결과를 얻을 수 있습니다.

데이터의 보고인 POS 정보와 같이 큰 데이터에서 유용한 정보를 이런 간단한 해석으로 조금씩 찾아낸다는 것은 결코 쓸데없는 작업이 아닙니다. 즉, 요인개수가 적은 기초적인 요인계획도 충분히 쓸 만한 무기라고 할 수 있습니다.

참고문헌

1. 渕上美喜, 上田太一郎, 古谷都紀子, 『実戦ワークショップ Excel 徹底活用 ビジネスデータ分析』, 秀和システム.

2. 広瀬 健一, 上田太一郎, 『Excelでできるタグチメソッド解析法入門』, 同友館.

3. 上田太一郎, 小林真紀, 渕上美喜, 『Excelで学ぶ回帰分析入門』, Ohm社.

4. 上田太一郎, 『Excelでできるデータマイニング演習』, 同友館.

제4장

회귀분석

이 장에서는 회귀분석에 대하여 설명합니다.

이 장에서는 다요인의 요인계획을 효율적으로 해석하는 방법으로써 Excel의 분석 툴인 '회귀분석'을 이용하는 방법을 제안합니다. 회귀분석을 이용하면 분산 분석을 이용할 때와 같이 몇 번이고 같은 순서를 반복하지 않고도 일련의 순서로 다요인 해석이 가능합니다.

Excel의 분석 툴은 회귀분석을 사용할 수 있으므로, 다요인 계획의 해석에 회귀분석을 이용하는 것이 가능합니다.

제4장

회귀분석

4.1 단순회귀분석

표 4.1은 처녑(천엽) 100g과 처녑절임 100g에 대한 매월 초의 가격 데이터입니다. 이 데이터의 특징은 각 행의 처녑가격과 처녑절임 가격이 함께 대응하는 데이터입니다.

표 4.1 처녑 100g과 처녑절임 100g의 가격(단위 : 원)

월	처녑	처녑절임
1월	13.3	55.8
3월	24.7	62.0
5월	22.1	68.3
7월	29.1	67.7
9월	31.5	70.9
11월	9.4	57.7

이 데이터에 대하여 분석을 해봅시다. 우선 기본에 따라 그래프를 그립니다. 이 데이터는 '월'이라는 시간과 함께 변하는 데이터(시계열 데이터라고 합니다)입니다. 시계열 데이터의 경우에는 가로축을 시간으로 한 꺾은선 그래프로 그리는 것이 기본입니다.

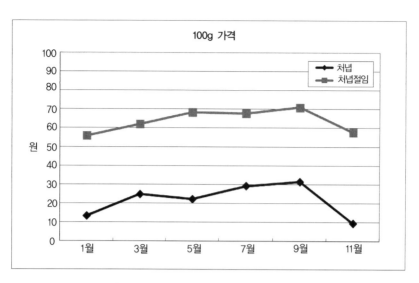

그림 4.1 시간을 가로축으로 한 꺾은선 그래프

처녑의 가격이 비싸면 처녑절임의 가격도 높아지고, 처녑의 가격이 싸면 처녑절임의 가격도 낮아지는 관계가 있는 경우입니다. 이를 '상관(관계)'가 있다고 말합니다.

상관관계를 보다 확실히 하기 위해서는 '산포도(분산)'라고 하는 그래프를 그리면 잘 알 수 있습니다(대부분의 경우에 쌍으로 지정된 데이터에서는 상관관계 유무의 판단이 필요하므로 처음부터 산포도를 그리는 것을 추천합니다). 표 4.1의 데이터로 Excel에서 산포도를 그리기 위해서는 처녑과 처녑절임 열의 셀을 선택한 상태에서 그래프 위저드를 실험하면(버튼 또는 메뉴에서 [삽입]-[차트]를 클릭) 표시되는 다이얼로그에서 '분산형'을 선택합니다.

그림 4.2에서 [확인] 버튼을 클릭하면, 그림 4.3과 같은 다이얼로그가 표시됩니다. 데이터가 열 방향(세로 방향)으로 나란한 데이터이므로 '계열'에서 '열'에 체크를 하고 [완료] 버튼을 클릭합니다.

그림 4.2 분산형을 그리는 다이얼로그(1)

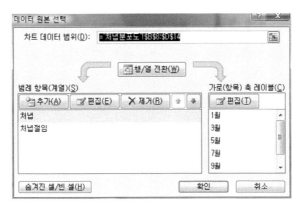

그림 4.3 분산형을 그리는 다이얼로그(2)

표시된 그래프의 표시방법을 조금 조정하면, 그림 4.4와 같이 분산형이 작성됩니다.

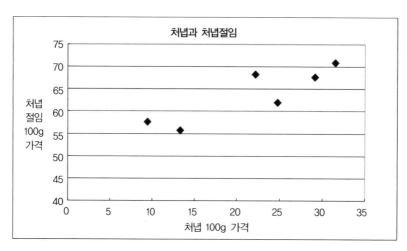

그림 4.4 분산형 그래프

이 그래프를 보면 처녑의 가격이 올라가면 처녑절임의 가격도 올라간다는 정(+)의 상관관계를 알 수 있습니다.

Excel의 그래프에는 표시된 그래프의 추세선(근사곡선)을 그리는 기능이 있습니다. 그림 4.4에서 그래프에 그려져 있는 점 중에서 하나를 선택하고 마우스의 오른쪽 버튼을 클릭하면 그림 4.5와 같은 메뉴가 표시됩니다.

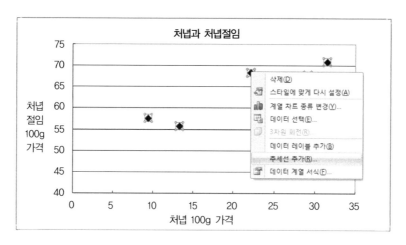

그림 4.5 풀다운 메뉴

표시된 메뉴에서 '추세선 추가'를 클릭하면 그림 4.6과 같은 다이얼로그가 표시되는데, 이때 '선형'을 선택합니다. 그림 4.6 다이얼로그의 [추세선 옵션]에서 그림 4.7과 같이 '수식을 차트에 표시'에 체크를 하고 [닫기] 버튼을 클릭합니다.

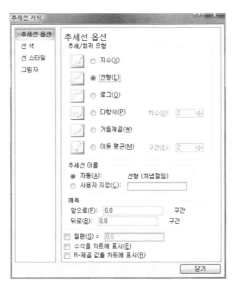

그림 4.6 근사곡선의 추가 다이얼로그(1)

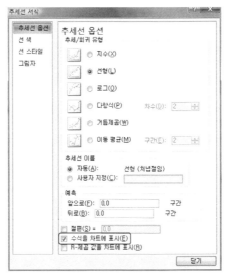

그림 4.7 근사곡선의 추가 다이얼로그(2)

그림 4.8과 같이 근사직선(추세선)과 그 직선을 나타내는 수식이 분산형 그래프에 표시됩니다.

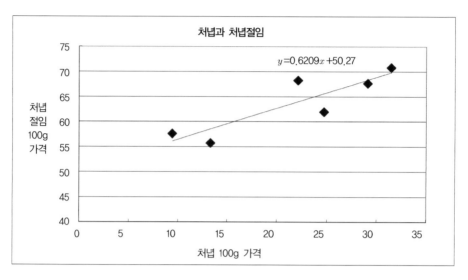

그림 4.8 근사직선(추세선)과 수식

여기서 처녑의 가격과 처녑절임 가격의 관계를 나타내는 수식이 구해졌습니다. 이와 같이 쌍으로 된 데이터에서 데이터끼리의 관계를 근사직선의 수식으로 나타내는 해석 방법을 '회귀분석'이라고 합니다. 그 수식을 회귀식, 근사직선을 회귀직선이라고 합니다.

그림 4.8에 표시된 근사직선은 다음과 같습니다.

y=0.6209x+50.27

처녑의 가격 x에서 처녑절임의 가격 y를 $0.6209x+50.27$로 계산할 수 있는 것을 나타내고 있습니다. 예를 들면 처녑의 가격이 20원일 때, 처녑절임의 가격은 $0.6209 \times 20 + 50.27 = 62.688 ≒ 62.7$원이 구해집니다. x에 의한 식으로 y를 설명한다고 하는 의미에서 x를 독립변수(또는 설명변수), y를 종속변수(또는 피설명변수)라고 부릅니다.

이 절의 타이틀은 '단순회귀분석'으로 회귀분석 앞에 '단순'이 붙어 있습니다. 회귀분석에는 이 예와 같이 설명변수가 1종류만인 것과 몇 종류인 것도 있습니다. 이것을 구별하여 전자를

'단순회귀분석', 후자를 '다중회귀분석'이라 부릅니다. 단순회귀분석의 회귀직선을 단순회귀직선, 회귀식을 단순회귀식으로 부르기도 합니다.

회귀식(회귀직선)은 최소자승법이라는 통계적인 방법으로 구합니다. 상세한 설명은 생략하지만, 그림 4.9와 같은 데이터로 회귀직선의 차이를 1변으로 하는 정사각형 면적의 합계가 최소가 되는 직선으로 하여 회귀직선을 구하는 것이 최소자승법입니다.

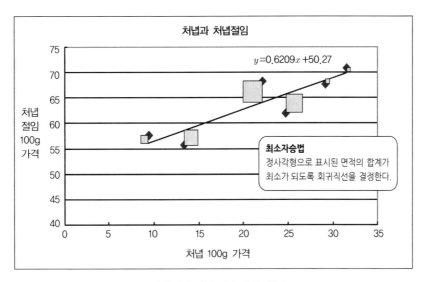

그림 4.9 최소자승법의 원리

Excel에서는 이와 같이 분산형 그래프에서 근사직선을 추가하는 것으로 회귀분석을 실시할 수 있지만, Excel의 분석 툴에 포함되어 있는 '회귀분석'을 사용하면 보다 간단하게 회귀분석을 할 수 있습니다. 여기서 표 4.1의 데이터를 사용하여 분석 툴에 의한 회귀분석을 실시하도록 하겠습니다.

분석 툴로 회귀분석을 하기 위해서는 리본 메뉴에서 [데이터]−[데이터 분석]을 클릭하면 표시되는 그림 4.10과 같은 다이얼로그에서 '회귀 분석'을 선택하고 [확인] 버튼을 클릭합니다.

그림 4.10 데이터 분석의 회귀분석

표시된 다이얼로그에서 다음과 같이 'Y축 입력 범위'에 처녑절임의 가격 데이터의 셀을 'X축 입력 범위'에 처녑가격의 데이터 셀을 라벨을 포함하여 지정하고, '이름표'와 '선적합도 (관측치 그래프의 작성)'에 체크를 하고 [확인] 버튼을 클릭합니다.

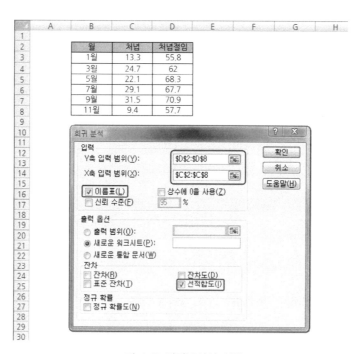

그림 4.11 회귀분석의 실험

다음과 같이 회귀분석 결과와 선적합도 그래프가 표시됩니다.

개요

회귀분석 통계량	
다중 상관계수	0.87948796
결정계수	0.773499071
조정된 결정계수	0.716873839
표준 오차	3.282591076
관측수	6

분산 분석

	자유도	제곱합	제곱 평균	F 비	유의한 F
회귀	1	147.1917	147.1917	13.65997	0.02091
잔차	4	43.10162	10.7754		
계	5	190.2933			

	계수	표준 오차	t 통계량	P-값	하위 95%	상위 95%	하위 95.0%	상위 95.0%
Y 절편	50.27023463	3.881361	12.9517	0.000205	39.49383	61.046643	39.4938264	61.04664
처녑	0.620896174	0.167994	3.69594	0.02091	0.154469	1.0873236	0.15446875	1.087324

잔차 출력

관측수	예측치 처녑절임	잔차
1	58.52815374	-2.72815
2	65.60637012	-3.60637
3	63.99204007	4.30796
4	68.33831329	-0.63831
5	69.82846411	1.071536
6	56.10665866	1.593341

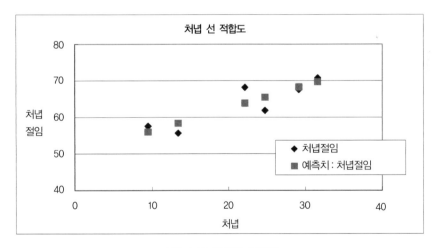

그림 4.12 회귀분석 결과

그림 4.12에서 우측의 선적합도 그래프는 그림 4.8과 같은 내용의 분산형 그래프입니다. 여기서는 근사직선 대신에 근사곡선으로 계산되는 예측치가 그려져 있습니다(이 그래프의 표시를 보기 쉽게 변경한 것이 그림 4.13입니다).

그림 4.13 관측치 그래프

그림 4.12 좌측에는 4개의 표가 있습니다. 위에서부터 3번째의 표에 대한 내용은 그림 4.14 와 같습니다.

	계수	표준 오차	t 통계량	P-값	하위 95%	상위 95%	하위 95.0%	상위 95.0%
Y 절편	50.27023	3.881361	12.9517	0.000205	39.49383	61.04664	39.49383	61.04664
처녑	0.620896	0.167994	3.69594	0.02091	0.154469	1.087324	0.154469	1.087324

그림 4.14 그림 4.11의 위에서부터 3번째의 표

이 표 중에서 '계수'로 표시된 값을 보면, 그림 4.8에 표시된 회귀식

$$y = 0.6209x + 50.27$$

의 값과 일치하고 있습니다. 즉, 이 계수는 회귀식을 나타내고 있습니다.

4.2 회귀분석의 분산 분석

그림 4.12의 위에서 2번째 표는 친숙한 분산 분석표(그림 4.15)인데, 계산한 회귀식에서의 분산 분석은 요인계획에서 실시한 분산 분석과 내용이 조금 다릅니다. 요인계획의 분산 분석 에서는 '요인의 분산'을 '오차의 분산'과 비교하여 '요인의 효과'가 있는지를 판단하지만, 회귀분 석에서는 '회귀의 분산'을 '오차의 분산'과 비교하여 '회귀(식)의 효과'가 있는지를 판단합니다.

분산 분석

	자유도	제곱합	제곱 평균	F 비	유의한 F
회귀	1	147.1917	147.1917	13.65997	0.02091
잔차	4	43.10162	10.7754		
계	5	190.2933			

그림 4.15 회귀분석의 분산 분석표

이 분산 분석표는 다음과 같은 순서로 작성됩니다.

우선 표 4.1에서 처녑의 가격 데이터를 추출하여 평균치를 구하고, 각 데이터와 평균치의 차이를 구합니다.

월	처녑	평균과의 차이
1월	13.3	-8.38
3월	24.7	3.02
5월	22.1	0.42
7월	29.1	7.42
9월	31.5	9.82
11월	9.4	-12.28
평균치	21.68	

그림 4.16 처녑가격 평균치와의 차이

회귀분석에서 구한 회귀식을 $y = a + bx$로 나타내면, y는 x값의 변화에 대하여 b배의 영향을 받는다는 것을 알 수 있습니다. 즉, 처녑절임의 가격은 처녑가격의 변화에 대하여 b(이 경우는 0.6209)배 만큼 영향을 미칩니다. 따라서 변동을 구하기 위해서는 그림 4.16의 평균과의 차이 값을 b(0.6209)배 하여 그것을 2승하여 합계할 필요가 있습니다.

월	처녑	평균과의 차이	←xb	←2승
1월	13.3	-8.38	-5.2052	27.0939
3월	24.7	3.02	1.8730	3.5083
5월	22.1	0.42	0.2587	0.0669
7월	29.1	7.42	4.6050	21.2058
9월	31.5	9.82	6.0951	37.1506
11월	9.4	-12.28	-7.6267	58.1662
평균치	21.68		계	147.1917

그림 4.17 처녑가격의 영향(회귀의 변동)

이 합계한 값 147.1917이 '회귀의 변동'을 나타냅니다[그림 4.15의 분산 분석표의 변동 값(제곱합)과 일치합니다].

'전체(합계)의 변동'은 처녑절임의 가격과 평균치와의 차이를 2승하여 합계하면 구해집니다.

월	처녑절임	평균과의 차이	←2승
1월	55.8	-7.93	62.9378
3월	62	-1.73	3.0044
5월	68.3	4.57	20.8544
7월	67.7	3.97	15.7344
9월	70.9	7.17	51.3611
11월	57.7	-6.03	36.4011
평균치	63.73	계	190.2933

그림 4.18 전체의 변동

전체의 변동(제곱합의 계) 190.2933에서 회귀의 변동 147.1917을 빼면 다음과 같이 오차(잔차)의 변동을 구할 수 있습니다(이것도 그림 4.15의 값과 일치합니다).

오차의 변동＝전체의 변동－회귀의 변동
　　　　　＝190.2933－147.1917＝43.1016

변동이 구해졌으므로 요인계획의 분산 분석과 마찬가지로 그림 4.19와 같이 변동을 자유도에서 나눠 분산을 구하고, 회귀의 분산을 오차의 분산으로 나눈 분산비에서 P-값을 구하면 분산 분석표를 작성할 수 있습니다.

분산 분석

	자유도	제곱합	제곱 평균	F 비	유의한 F
회귀	1	147.1917	147.1917	13.65997	0.02091
잔차	4	43.10162	10.7754		
계	5	190.2933			

‘유의한 F’로 표시되어 있지만 이것은 ‘P-값’이다.

그림 4.19 P-값의 산출

단순회귀분석에서 회귀의 자유도는 항상 1입니다. 분산비(F비) 13.65997로 Excel의 FDIST 함수로 P-값을 구하면, FDIST(13.65997, 1, 4)＝0.02091을 구할 수 있습니다. Excel 회귀분석의 분산 분석표에서는 ‘P-값’이 ‘유의한 F’라는 명칭으로 표시되어 있지만, 이것은 Excel의 오류입니다.

이 결과 P-값이 0.02091로 15％(0.15) 미만으로, 이것은 회귀식으로 나타낸 관계가 통계적으로 설명할 수 있다는 것을 알 수 있습니다.

4.3 다중회귀분석과 수량화 이론 Ⅰ류

회귀분석에서 독립변수 x라고 하는 것은 종속변수 y에 영향을 미치는 ‘요인’으로 생각할 수 있습니다. 다시 말하면 단순회귀분석이란 1요인 계획과 같다고 할 수 있습니다.

요인이 복수인 요인계획이나 실험계획법은 독립변수 x가 하나가 아닌 복수일 것, 즉 다중

회귀분석과 같다고 할 수 있으므로 다중회귀분석의 해석 방법에서 다요인의 요인계획을 해석하는 것이 됩니다.

Excel의 분석 툴은 요인계획에 대해서는 2요인의 분산 분석까지밖에 대응할 수 없지만, 다중회귀분석의 해석에서는 16요인(수준개수가 2인 경우)까지 대응할 수 있습니다. 따라서 이 책에서는 실험계획법을 포함한 다요인의 요인계획 해석에 Excel의 분석 툴인 '회귀분석'을 이용한 해석 방법도 소개합니다.

단순회귀분석, 다중회귀분석은 원래 가격이나 길이로 된 '연속된 수치'를 대상으로 한 분석 방법입니다. 그렇기 때문에 점포실험이나 야경의 앙케트 등과 같이 말로 표현되는 수준을 가진 요인에 대해서는 그대로 해석할 수 없습니다. 그러나 말로 표현된 수준을 수치로 치환할 수 있다면, 회귀분석으로도 해석이 가능합니다.

이와 같이 수치로 치환하여 다중회귀분석을 실시하는 방법을 '수량화 이론(quantification theory, theory of quantification) I류'라고 합니다. 이름이 어려운 것에 반하여 내용은 매우 간단하기 때문에 걱정할 필요는 없습니다. 수치화는 수준에 해당하는 경우는 '1'로, 해당하지 않으면 '0'으로 한다는 치환뿐입니다.

실제의 해석 순서에 대해서는 뒤에서 해설하고, 여기서는 1, 0의 수치에 대한 치환요령만 설명하도록 하겠습니다.

표 4.2는 표 2.2에 나타낸 야경에 관한 계절별의 평가 데이터입니다. 각 요인의 수준이 수치(값)가 아닌 말(사칙연산을 할 수 없는 변수)로 표현되어 있으므로 이대로는 다중회귀분석을 실시할 수 없습니다.

표 4.2 계절별 야경의 평가(표 2.2와 같음)

	봄	여름	가을	겨울
하코다테	6.4	7.8	7.0	5.4
고베	7.9	6.1	7.6	6.2
나가사키	6.6	5.1	7.2	6.1
요코하마	6.9	5.8	6.9	4.6
도쿄	5.0	4.7	5.1	3.8

이 조사결과를 계획행렬의 형식으로 표시하면, 그림 4.20과 같습니다.

No.	장소	계절	데이터
1	하코다테	봄	6.4
2	하코다테	여름	7.8
3	하코다테	가을	7.0
4	하코다테	겨울	5.4
5	고베	봄	7.9
6	고베	여름	6.1
7	고베	가을	7.6
8	고베	겨울	6.2
9	나가사키	봄	6.6
10	나가사키	여름	5.1
11	나가사키	가을	7.2
12	나가사키	겨울	6.1
13	요코하마	봄	6.9
14	요코하마	여름	5.8
15	요코하마	가을	6.9
16	요코하마	겨울	4.6
17	도쿄	봄	5.0
18	도쿄	여름	4.7
19	도쿄	가을	5.1
20	도쿄	겨울	3.8

그림 4.20 계절별 야경 평가의 계획행렬

이 표에 수준항목의 열을 추가하고, 계획행렬에 해당하는 칸에 1을, 그렇지 않은 칸에 0을 입력합니다(그림 4.21).

이 표(그림 4.21)에서 기본이 되는 수준의 열인 '장소'와 '계절'의 열을 삭제하면, 그림 4.22와 같이 1, 0의 값으로 치환한 표를 구할 수 있습니다.

No.	장소	하코다테	고베	나가사키	요코하마	도쿄	계절	봄	여름	가을	겨울	데이터
1	하코다테	1	0	0	0	0	봄	1	0	0	0	6.4
2	하코다테	0	1	0	0	0	여름	1	0	0	0	7.8
3	하코다테	0	0	1	0	0	가을	1	0	0	0	7.0
4	하코다테	0	0	0	1	0	겨울	1	0	0	0	5.4
5	고베	0	0	0	0	1	봄	1	0	0	0	7.9
6	고베	1	0	0	0	0	여름	0	1	0	0	6.1
7	고베	0	1	0	0	0	가을	0	1	0	0	7.6
8	고베	0	0	1	0	0	겨울	0	1	0	0	6.2
9	나가사키	0	0	0	1	0	봄	0	1	0	0	6.6
10	나가사키	0	0	0	0	1	여름	0	1	0	0	5.1
11	나가사키	1	0	0	0	0	가을	0	0	1	0	7.2
12	나가사키	0	1	0	0	0	겨울	0	0	1	0	6.1
13	요코하마	0	0	1	0	0	봄	0	0	1	0	6.9
14	요코하마	0	0	0	1	0	여름	0	0	1	0	5.8
15	요코하마	0	0	0	0	1	가을	0	0	1	0	6.9
16	요코하마	1	0	0	0	0	겨울	0	0	0	1	4.6
17	도쿄	0	1	0	0	0	봄	0	0	0	1	5.0
18	도쿄	0	0	1	0	0	여름	0	0	0	1	4.7
19	도쿄	0	0	0	1	0	가을	0	0	0	1	5.1
20	도쿄	0	0	0	0	1	겨울	0	0	0	1	3.8

그림 4.21 각 수준에 열을 추가하여 1, 0을 기입

No.	하코다테	고베	나가사키	요코하마	도쿄	봄	여름	가을	겨울	데이터
1	1	0	0	0	0	1	0	0	0	6.4
2	0	1	0	0	0	1	0	0	0	7.8
3	0	0	1	0	0	1	0	0	0	7.0
4	0	0	0	1	0	1	0	0	0	5.4
5	0	0	0	0	1	1	0	0	0	7.9
6	1	0	0	0	0	0	1	0	0	6.1
7	0	1	0	0	0	0	1	0	0	7.6
8	0	0	1	0	0	0	1	0	0	6.2
9	0	0	0	1	0	0	1	0	0	6.6
10	0	0	0	0	1	0	1	0	0	5.1
11	1	0	0	0	0	0	0	1	0	7.2
12	0	1	0	0	0	0	0	1	0	6.1
13	0	0	1	0	0	0	0	1	0	6.9
14	0	0	0	1	0	0	0	1	0	5.8
15	0	0	0	0	1	0	0	1	0	6.9
16	1	0	0	0	0	0	0	0	1	4.6
17	0	1	0	0	0	0	0	0	1	5.0
18	0	0	1	0	0	0	0	0	1	4.7
19	0	0	0	1	0	0	0	0	1	5.1
20	0	0	0	0	1	0	0	0	1	3.8

그림 4.22 1, 0의 값으로 치환한 표

치환한 1, 0의 값을 더미변수(dummy variable)라고 합니다. 이 표를 중심으로 회귀분석을 실시할 수 있습니다. 이와 같이 단어로 표현된 수준을 더미변수에 의하여 수치화하여 회귀분석을 실시하는 방법이 수량화 이론 I류입니다.

정리

· 회귀분석은 쌍으로 된 데이터의 관계를 회귀식이라는 근사직선의 수식으로 구합니다.
· 회귀식은 Excel에서 분산형 그래프를 그려 근사곡선을 표시하는 것만으로도 구할 수 있지만, Excel의 분석 툴인 '회귀분석'을 이용하면 분산 분석표를 작성할 수 있습니다.
· 회귀분석의 분산 분석표는 회귀의 변동을 기초로 P-값을 구하는 것입니다.
· 회귀분석의 독립변수를 요인으로 고려하면, 회귀분석을 요인계획의 해석에 이용할 수 있습니다.
· 수준이 단어로 표시되어 있는 경우는 회귀분석을 그대로 실시할 수 없으므로 1, 0의 더미변수로 치환하여 실시하는 수량화 이론을 이용합니다.

참고문헌

1. 上田太一郎, 小林真紀, 渕上美喜, 『Excelで学ぶ回帰分析入門』, Ohm社.
2. 渕上美喜, 上田太一郎, 古谷都紀子, 『実戦ワークショップ Excel 徹底活用 ビジネスデータ分析』, 秀和システム.
3. 上田太一郎, 『Excelでできるデータマイニング演習』, 同友館.

제5장
요인계획을 회귀분석으로 해석

회귀분석으로 요인계획을 해석합니다.

제4장에서는 계획행렬로 표시된 요인계획의 데이터는 수량화 이론 I류를 이용하여 회귀분석으로 해석이 가능하다는 것을 기술하였습니다. 이 장에서는 실제로 회귀분석으로 요인계획을 해석하는 순서를 설명합니다.

제5장

요인계획을 회귀분석으로 해석

5.1 1요인 계획을 회귀분석으로 해석한다

우선 제2장에서 다룬 야경의 평가 1요인 계획을 회귀분석으로 해석하겠습니다.

표 5.1 야경의 평가

	A	B	C	D
하코다테	8	5	7	8
고베	8	6	7	6
나가사키	7	6	6	5
요코하마	7	5	7	6
도쿄	5	4	5	5

이 결과를 회귀분석으로 해석하기 위하여 우선 단어로 표현된 수준을 그림 4.22와 마찬가지로 1, 0의 더미변수로 치환하여 수치화합니다.

No.	하코다테	고베	나가사키	요코하마	도쿄	데이터
1	1	0	0	0	0	8
2	0	1	0	0	0	8
3	0	0	1	0	0	7
4	0	0	0	1	0	7
5	0	0	0	0	1	5
6	1	0	0	0	0	5
7	0	1	0	0	0	6
8	0	0	1	0	0	6
9	0	0	0	1	0	5
10	0	0	0	0	1	4
11	1	0	0	0	0	7
12	0	1	0	0	0	7
13	0	0	1	0	0	6
14	0	0	0	1	0	7
15	0	0	0	0	1	5
16	1	0	0	0	0	8
17	0	1	0	0	0	6
18	0	0	1	0	0	5
19	0	0	0	1	0	6
20	0	0	0	0	1	5

그림 5.1 더미변수에 따른 수치화

이 표를 기초로 회귀분석을 실시하는데, 이 표에는 여분의 데이터가 포함되어서 그대로 회귀분석을 실험하면 틀린 결과가 나타납니다.

예를 들면 No.1~5의 야경 장소의 표기는 그림 5.2와 같은 내용입니다.

No.	하코다테	고베	나가사키	요코하마	도쿄
1	1	0	0	0	0
2	0	1	0	0	0
3	0	0	1	0	0
4	0	0	0	1	0
5	0	0	0	0	1

그림 5.2 No.1~5의 야경장소에 대한 표기

예를 들면 이 No.5의 데이터를 주목해봅시다. 이 데이터의 장소에 대한 수준은 '도쿄'이지만 모든 수준을 하코다테에서 도쿄까지 5개로 알고 있기 때문에 '도쿄'의 열이 없어도 번호 5의 수준이 도쿄라는 것을 알고 있습니다. '도쿄'의 열이 없어도 데이터의 누락은 아닙니다.

No.	하코다테	고베	나가사키	요코하마
1	1	0	0	0
2	0	1	0	0
3	0	0	1	0
4	0	0	0	1
5	0	0	0	0

← '도쿄'의 열이 없어도 No.5의 수준은 '도쿄'
라는 것을 알 수 있다.

그림 5.3 도쿄의 열이 없어져도 데이터는 누락이 아니다.

이 열이 없어도 데이터 누락이 아니기 때문에, 이 열이 들어간 그대로 회귀분석을 실시하면 올바른 해석결과를 얻을 수 없습니다. 이와 같이 '데이터가 중복'되어 있는 경우는 회귀분석을 실시하기 전에 그 여분의 데이터를 삭제해야 합니다.

삭제하는 열은 어느 열을 선택하여도 상관이 없습니다(예, 그림 5.2에서 '도쿄'가 아니고 '하코다테'의 열을 삭제하여도 No.1 데이터의 수준이 하코다테라는 것을 알 수 있기 때문에 그 열을 삭제하여도 데이터가 누락되는 것은 아닙니다). 즉, 어느 1열을 삭제해도 괜찮다는 것입니다.

그림 5.1에서 장소의 수준을 1열 삭제하여 그림 5.4와 같은 표를 작성합니다(이 예에서는 '도쿄'열을 삭제합니다).

No.	하코다테	고베	나가사키	요코하마	데이터
1	1	0	0	0	8
2	0	1	0	0	8
3	0	0	1	0	7
4	0	0	0	1	7
5	0	0	0	0	5
6	1	0	0	0	5
7	0	1	0	0	6
8	0	0	1	0	6
9	0	0	0	1	5
10	0	0	0	0	4
11	1	0	0	0	7
12	0	1	0	0	7
13	0	0	1	0	6
14	0	0	0	1	7
15	0	0	0	0	5
16	1	0	0	0	8
17	0	1	0	0	6
18	0	0	1	0	5
19	0	0	0	1	6
20	0	0	0	0	5

그림 5.4 중복된 데이터 열을 삭제한 표

이 표에 대하여 분석 툴의 회귀분석을 실험합니다. 리본 메뉴에서 [데이터]를 클릭하고 [분석] Ribbon Panel의 [데이터 분석] Item을 클릭하면 표시되는 [통계 데이터 분석] 다이얼로그에서 '회귀분석'을 선택하고 [확인] 버튼을 클릭합니다.

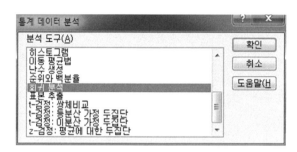

그림 5.5 회귀분석을 선택

표시된 다이얼로그에서 그림 5.6과 같이 입력하고 [확인] 버튼을 클릭합니다.

그림 5.6 회귀분석 다이얼로그의 입력

다른 시트에 그림 5.7과 같이 회귀분석 결과가 표시됩니다.

요약 출력

회귀분석 통계량	
다중 상관계수	0.680644
결정계수	0.463277
조정된 결정계수	0.320151
표준 오차	0.974679
관측수	20

분산 분석

	자유도	제곱합	제곱 평균	F 비	유의한 F
회귀	4	12.3	3.075	3.236842	0.042061
잔차	15	14.25	0.95		
계	19	26.55			

	계수	표준 오차	t 통계량	P-값	하위 95%	상위 95%	하위 95.0%	상위 95.0%
Y 절편	4.75	0.48734	9.746794	6.99E-08	3.71126	5.78874	3.71126	5.78874
하코다테	2.25	0.689202	3.264643	0.005224	0.781	3.719	0.781	3.719
고베	2	0.689202	2.901905	0.010952	0.531	3.469	0.531	3.469
나가사키	1.25	0.689202	1.813691	0.089779	-0.219	2.719	-0.219	2.719
요코하마	1.5	0.689202	2.176429	0.045912	0.031	2.969	0.031	2.969

그림 5.7 회귀분석 결과

그림 5.7 가운데의 분산 분석표를 그림 2.4의 분산 분석에 의한 분산 분석표와 비교해보면, 표시의 행수가 다른 곳은 있지만 내용은 완전히 일치합니다. 그림 5.7에서는 P-값이 '유의한 F'로 다르게 표시되는 것에 주의하시기 바랍니다.

요약표

인자의 수준	관측수	합	평균	분산
하코다테	4	28	7	2.000
고베	4	27	6.75	0.917
나가사키	4	24	6	0.667
요코하마	4	25	6.25	0.917
도쿄	4	19	4.75	0.250

분산 분석

변동의 요인	제곱합	자유도	제곱 평균	F 비	P-값	F 기각치
처리	12.3	4	3.075	3.237	0.042	3.056
잔차	14.25	15	0.95			
계	26.55	19				

그림 5.8 분산 분석표(그림 2.4와 같음)

처넘의 예에서는 회귀분석의 결과에 회귀식이 표현되어 있다고 설명하였습니다. 마찬가지로 그림 5.7에서는 1요인 계획의 회귀식이 표시되어 있습니다. 그림 5.7의 아래쪽 표에 '계수'로 표시되어 있는 값이 실제로는 평가점을 요인의 수준으로 나타내는 회귀식을 표시하고 있습니다. 이것을 수식의 형태로 표현하면 다음과 같습니다.

$$
\text{평가점} = 4.75 + \begin{cases} 2.25 \,(\text{하코다테}) \\ 2.00 \,(\text{고베}) \\ 1.25 \,(\text{나가사키}) \\ 1.50 \,(\text{요코하마}) \\ 0.00 \,(\text{도쿄}) \end{cases}
$$

평가점은 Y절편에 요인의 수준 등에서 구한 계수를 더한 것으로 구할 수 있습니다. 여기서 그림 5.4에서 중복된 데이터의 열로 삭제한 수준인 '도쿄'에 대한 계수가 0으로 되어 있는 것에 주의하시기 바랍니다.

이것에 의하여 결과에 대한 수준이 어느 경우에 효과가 있는지를 숫자에 의하여 명확하게 나타낼 수 있는 것이 분산 분석을 회귀분석으로 실시하는 가장 큰 이점이라고 말할 수 있습니다.

5.2 2요인 계획을 회귀분석으로 해석한다

제2장에서 다룬 계절별 야경의 평가에 대한 2요인 계획을 회귀분석으로 해석하겠습니다.

표 5.2 계절별 야경의 평가(표 2.2)

	봄	여름	가을	겨울
하코다테	6.4	7.8	7.0	5.4
고베	7.9	6.1	7.6	6.2
나가사키	6.6	5.1	7.2	6.1
요코하마	6.9	5.8	6.9	4.6
도쿄	5.0	4.7	5.1	3.8

제4장과 같이 회귀분석으로 해석하기 위해서는 단어로 표시된 수준을 1, 0의 더미변수를 사용하여 수치화합니다.

No.	장소	하코다테	고베	나가사키	요코하마	도쿄	계절	봄	여름	가을	겨울	데이터
1	하코다테	1	0	0	0	0	봄	1	0	0	0	6.4
2	하코다테	0	1	0	0	0	여름	1	0	0	0	7.8
3	하코다테	0	0	1	0	0	가을	1	0	0	0	7.0
4	하코다테	0	0	0	1	0	겨울	1	0	0	0	5.4
5	고베	0	0	0	0	1	봄	1	0	0	0	7.9
6	고베	1	0	0	0	0	여름	0	1	0	0	6.1
7	고베	0	1	0	0	0	가을	0	1	0	0	7.6
8	고베	0	0	1	0	0	겨울	0	1	0	0	6.2
9	나가사키	0	0	0	1	0	봄	0	1	0	0	6.6
10	나가사키	0	0	0	0	1	여름	0	1	0	0	5.1
11	나가사키	1	0	0	0	0	가을	0	0	1	0	7.2
12	나가사키	0	1	0	0	0	겨울	0	0	1	0	6.1
13	요코하마	0	0	1	0	0	봄	0	0	1	0	6.9
14	요코하마	0	0	0	1	0	여름	0	0	1	0	5.8
15	요코하마	0	0	0	0	1	가을	0	0	1	0	6.9
16	요코하마	1	0	0	0	0	겨울	0	0	0	1	4.6
17	도쿄	0	1	0	0	0	봄	0	0	0	1	5.0
18	도쿄	0	0	1	0	0	여름	0	0	0	1	4.7
19	도쿄	0	0	0	1	0	가을	0	0	0	1	5.1
20	도쿄	0	0	0	0	1	겨울	0	0	0	1	3.8

그림 5.9 1, 0의 더미변수로 수치화한 표(그림 4.21과 같음)

그림 5.1과 마찬가지로 이 표의 데이터 해석에는 여분의 데이터가 포함되어 있어 '데이터가 중복'된 상태입니다. 요인 하나에 대하여 수준 하나를 삭제할 필요가 있습니다. 삭제하는 것은 하나의 요인 중에 아무거나 1열입니다.

그림 5.9에서 장소의 요인 중에서 1열, 계절의 요인 중에서 1열을 삭제하여 그림 5.10과 같은 표를 작성합니다(이 예에서는 '도쿄'와 '겨울' 열을 삭제하였습니다).

No.	하코다테	고베	나가사키	요코하마	봄	여름	가을	데이터
1	1	0	0	0	1	0	0	6.4
2	0	1	0	0	1	0	0	7.9
3	0	0	1	0	1	0	0	6.6
4	0	0	0	1	1	0	0	6.9
5	0	0	0	0	1	0	0	5
6	1	0	0	0	0	1	0	7.8
7	0	1	0	0	0	1	0	6.1
8	0	0	1	0	0	1	0	5.1
9	0	0	0	1	0	1	0	5.8
10	0	0	0	0	0	1	0	4.7
11	1	0	0	0	0	0	1	7
12	0	1	0	0	0	0	1	7.6
13	0	0	1	0	0	0	1	7.2
14	0	0	0	1	0	0	1	6.9
15	0	0	0	0	0	0	1	5.1
16	1	0	0	0	0	0	0	5.4
17	0	1	0	0	0	0	0	6.2
18	0	0	1	0	0	0	0	6.1
19	0	0	0	1	0	0	0	4.6
20	0	0	0	0	0	0	0	3.8

그림 5.10 중복된 데이터 열을 삭제한 표

이 표에 대하여 분석 툴의 회귀분석을 실험합니다. 리본 메뉴에서 [데이터]를 클릭하고 [분석] Ribbon Panel의 [데이터 분석] Item을 클릭하면 표시되는 [통계 데이터 분석] 다이얼로그에서 '회귀분석'을 선택하고 [확인] 버튼을 클릭합니다.

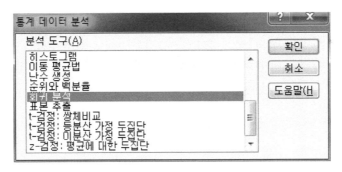

그림 5.11 통계 데이트 분석 툴의 회귀분석

표시된 다이얼로그에서 그림 5.12와 같이 입력하고 [확인] 버튼을 클릭합니다.

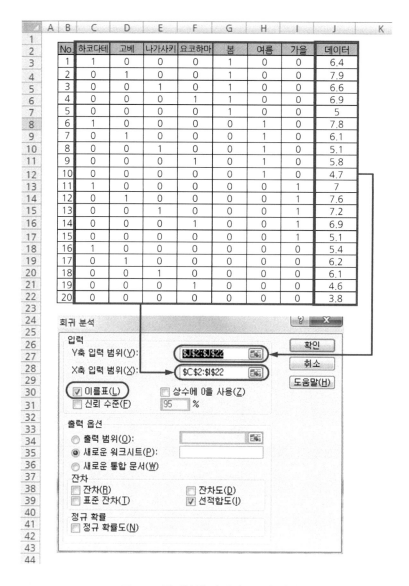

No.	하코다테	고베	나가사키	요코하마	봄	여름	가을	데이터
1	1	0	0	0	1	0	0	6.4
2	0	1	0	0	1	0	0	7.9
3	0	0	1	0	1	0	0	6.6
4	0	0	0	1	1	0	0	6.9
5	0	0	0	0	1	0	0	5
6	1	0	0	0	0	1	0	7.8
7	0	1	0	0	0	1	0	6.1
8	0	0	1	0	0	1	0	5.1
9	0	0	0	1	0	1	0	5.8
10	0	0	0	0	0	1	0	4.7
11	1	0	0	0	0	0	1	7
12	0	1	0	0	0	0	1	7.6
13	0	0	1	0	0	0	1	7.2
14	0	0	0	1	0	0	1	6.9
15	0	0	0	0	0	0	1	5.1
16	1	0	0	0	0	0	0	5.4
17	0	1	0	0	0	0	0	6.2
18	0	0	1	0	0	0	0	6.1
19	0	0	0	1	0	0	0	4.6
20	0	0	0	0	0	0	0	3.8

그림 5.12 회귀분석 다이얼로그의 입력

그림 5.13과 같이 회귀분석 결과가 나타납니다.

요약 출력

회귀분석 통계량	
다중 상관계수	0.886879
결정계수	0.786555
조정된 결정계수	0.662045
표준 오차	0.671069
관측수	20

분산 분석

	자유도	제곱합	제곱 평균	F 비	유의한 F
회귀	7	19.914	2.844857	6.317225	0.00285
잔차	12	5.404	0.450333		
계	19	25.318			

	계수	표준 오차	t 통계량	P-값	하위 95%	상위 95%	하위 95.0%	상위 95.0%
Y 절편	3.76	0.424421	8.859124	1.3E-06	2.835266	4.684734	2.835266	4.684734
하코다테	2	0.474517	4.214809	0.0012	0.966116	3.033884	0.966116	3.033884
고베	2.3	0.474517	4.847031	0.0004	1.266116	3.333884	1.266116	3.333884
나가사키	1.6	0.474517	3.371848	0.005551	0.566116	2.633884	0.566116	2.633884
요코하마	1.4	0.474517	2.950367	0.012136	0.366116	2.433884	0.366116	2.433884
봄	1.34	0.424421	3.157241	0.008263	0.415266	2.264734	0.415266	2.264734
여름	0.68	0.424421	1.602182	0.135096	-0.24473	1.604734	-0.24473	1.604734
가을	1.54	0.424421	3.628471	0.00346	0.615266	2.464734	0.615266	2.464734

그림 5.13 회귀분석 결과

그림 5.13의 3번째 표의 계수에 표시된 회귀식을 수식으로 나타내면 다음과 같습니다.

$$\text{평가점} = 3.76 + \begin{cases} 2.00\,(\text{하코다테}) \\ 2.30\,(\text{고베}) \\ 1.60\,(\text{나가사키}) \\ 1.40\,(\text{요코하마}) \\ 0.00\,(\text{도쿄}) \end{cases} + \begin{cases} 1.34\,(\text{봄}) \\ 0.68\,(\text{여름}) \\ 1.54\,(\text{가을}) \\ 0.00\,(\text{겨울}) \end{cases}$$

1요인 계획을 회귀분석할 때의 분산 분석표는 분산 분석에 따라 구한 분산 분석표와 내용이 일치하였습니다. 그러나 그림 5.13의 분산 분석표는 요인 각각에 대해서의 분산 분석표가 아닌 2요인을 사용한 회귀식에 대한 분산 분석표이므로 제2장의 그림 2.16에서 구한 분산 분석표와는 내용이 다릅니다.

분산 분석

변동의 요인	제곱합	자유도	제곱 평균	F 비	P-값	F 기각치
인자 A(행)	12.608	4	3.152	6.999	0.0038	3.259
인자 B(열)	7.306	3	2.435	5.408	0.0138	3.490
잔차	5.404	12	0.450			
계	25.318	19				

그림 5.14 분산 분석표(그림 2.16)

그림 5.13의 분산 분석표에 표시된 P-값(유의한 F로 표시되어 있음)이 0.00285로 15%(0.15)를 크게 밑도는 값이므로, 이 회귀식은 통계적으로 의미가 있다고 할 수 있습니다. 제2장에서 실시한 분산 분석에는 어느 요인이 효과를 미치고 있다는 것을 P-값으로 판정하였지만, 회귀분석에서는 회귀식의 계수를 가지고 평가점에 대하여 어느 정도의 영향이 있거나 어느 요인의 효과가 있는가를 판단할 수 있습니다.

요인에 대한 영향의 크기를 비교하고 싶을 때에는 요인 각각의 계수에 대한 범위를 비교합니다. 그림 5.13에서 장소에 대한 계수는 하코다테부터 도쿄까지 2, 2.3, 1.6, 1.4, 0이므로 장소에 대한 계수의 범위는 다음과 같습니다.

계수의 최대치-계수의 최소치＝고베의 계수-도쿄의 계수
＝2.3-0＝2.3

계절에 대한 계수는 봄부터 겨울까지 1.34, 0.68, 1.54, 0이므로 계절에 대한 계수의 범위는

계수의 최대치-계수의 최소치＝가을의 계수-겨울의 계수
＝1.54-0＝1.54

가 됩니다. 장소의 영향과 계절의 영향에 대한 크기는 2.3대 1.54의 비율로 장소의 영향 쪽이 큰 것을 알 수 있습니다. 이 계수의 범위를 요인의 영향도라고 합니다. 영향도는 그림 5.15와 같이 그래프로 표시하면 보기가 쉽습니다.

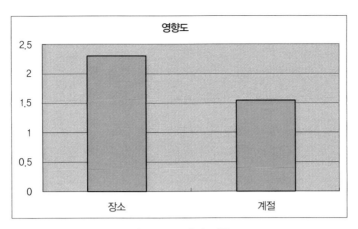

그림 5.15 요인의 영향도

5.3 연습문제

그림 5.16은 어느 상품의 점포 내 판촉[POP 광고, 엔드진열(end display), 실시간 세일], 고지방법(전단지, Auto call)을 바꾸었을 때의 매상 데이터입니다.

점포 내 판촉	고지방법	
	전단지	Auto call
POP 광고	69	74
엔드진열	73	79
실시간 세일	79	88

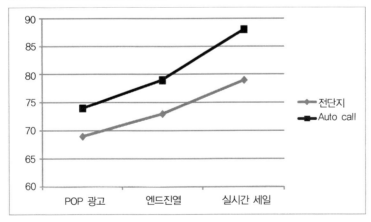

그림 5.16 매상고 데이터

다음 질문에 답하시오.

① 이 데이터의 계획행렬을 작성하시오.
② 계획행렬을 더미변수로 수치화하시오.
③ 중복된 데이터 열을 삭제하여 회귀분석을 실시하시오.
④ 요인의 영향도를 비교하고, 매상에 대하여 어느 쪽 요인의 효과가 큰지를 구하시오.
⑤ 매상을 나타내는 회귀식을 구하시오.

해답 예

① 계획행렬은 다음과 같습니다.

No.	점포 내 판촉	고지방법	데이터
1	POP 광고	전단지	69
2	엔드 진열	전단지	73
3	실시간 세일	전단지	79
4	POP 광고	Auto call	74
5	엔드 진열	Auto call	79
6	실시간 세일	Auto call	88

그림 5.17 계획행렬

② 계획행렬을 더미변수로 수치화하면 다음 표와 같습니다.

No.	POP 광고	엔드 진열	실시간 세일	전단지	Auto call	데이터
1	1	0	0	1	0	69
2	0	1	0	1	0	73
3	0	0	1	1	0	79
4	1	0	0	0	1	74
5	0	1	0	0	1	79
6	0	0	1	0	1	88

그림 5.18 더미변수로 수치화한 계획행렬

③ 그림 5.18에서 중복된 열을 삭제합니다.

예를 들면 점포 내 판촉의 요인에서는 '실시간 세일'을, 고지방법의 요인에서 'Auto call'을 삭제하면 그림 5.19와 같은 표를 구할 수 있습니다.

No.	POP 광고	엔드 진열	전단지	데이터
1	1	0	1	69
2	0	1	1	73
3	0	0	1	79
4	1	0	0	74
5	0	1	0	79
6	0	0	0	88

그림 5.19 중복된 열을 삭제한 표

이 표로 회귀분석을 실시하면, 그림 5.20과 같습니다.

요약 출력

회귀분석 통계량	
다중 상관계수	0.990011
결정계수	0.980122
조정된 결정계수	0.950306
표준 오차	1.47196
관측수	6

분산 분석

	자유도	제곱합	제곱 평균	F 비	유의한 F
회귀	3	213.6667	71.22222	32.87179	0.029668
잔차	2	4.333333	2.166667		
계	5	218			

	계수	표준 오차	t 통계량	P-값	하위 95%	상위 95%	하위 95.0%	상위 95.0%
Y 절편	86.83333	1.20185	72.2497	0.000192	81.66219	92.00448	81.66219	92.00448
POP 광고	-12	1.47196	-8.15239	0.014715	-18.3333	-5.66667	-18.3333	-5.66667
엔드진열	-7.5	1.47196	-5.09525	0.036427	-13.8333	-1.16667	-13.8333	-1.16667
전단지	-6.66667	1.20185	-5.547	0.030997	-11.8378	-1.49552	-11.8378	-1.49552

그림 5.20 회귀분석 결과

④ 요인의 영향도는 각각의 수준 계수의 범위에서 그림 5.21과 같습니다.

요인	계수의 최대치	계수의 최소치	계수의 범위
점포 내 판촉	0	-12	12
고지방법	0	-6.66667	6.66667

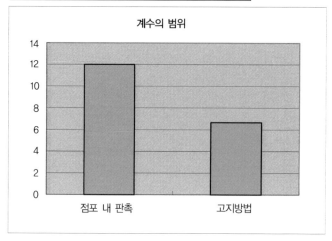

그림 5.21 영향도

점포 내 판촉의 영향이 고지방법보다 큰 것으로 나타났습니다.

⑤ 매상을 나타내는 회귀식은 그림 5.20에서 다음과 같습니다.

$$매상 = 86.83 + \begin{cases} -12.00 \ (\text{POP광고}) \\ -7.50 \ (\text{엔드진열}) \\ \underline{0.00 \ (\text{실시간 세일})} \end{cases} + \begin{cases} -6.67 \ (\text{전단지}) \\ \underline{0.00 \ (\text{Auto call})} \end{cases}$$

정리

· 요인계획은 회귀분석으로도 해석할 수 있습니다.

· 1요인 계획에서는 분산 분석과 마찬가지로 회귀분석의 해석결과에도 분산 분석표를 구할 수 있습니다.

· 요인과 수준의 영향은 회귀식의 계수를 비교하는 것으로 간단하게 파악할 수 있습니다.

· 요인의 영향의 크기는 회귀분석 결과의 계수 범위로 비교할 수 있습니다.

참고문헌

1. 渕上美喜, 上田太一郎, 古谷都紀子, 『実戦ワークショップ Excel 徹底活用 ビジネスデータ分析』, 秀和システム.

2. 上田太一郎, 小林真紀, 渕上美喜, 『Excel で学ぶ回帰分析入門』, Ohm社.

제6장

교호작용

요인의 수준끼리 조합한 효과가 교호작용입니다.

EXCEL

요인계획에서는 요인의 수준끼리 조합에 의하여 결과에 대한 영향이 다른 경우가 있습니다. 이것을 요인들의 교호작용이라고 합니다. 교호작용은 요인이나 수준의 성질에 따라서 존재하지 않을 때가 있는데, 교호작용이 존재하는 경우에 존재하지 않는 것으로 해석하면 올바른 해석결과를 얻을 수 없으므로 주의해야 합니다. 또, 실험이나 조사 후에 교호작용이 존재하는 것을 알면, 방법을 바꿔 다시 실험과 조사를 실시해야 하는 경우가 있습니다.

그렇기 때문에 사전에 교호작용이 있는지 없는지를 충분히 검토하거나, 기본적으로 교호작용이 없는 요인이나 수준을 잘 고르는 편이 좋다고 할 수 있지만, 목적한 대로 요인이나 수준을 고르지 않았기 때문에 실제로 교호작용이 나타나는 경우가 자주 있습니다.

이와 같은 경우를 대비하여 이 장에서는 교호작용에 대한 해설과 교호작용을 포함한 요인계획 방법을 소개합니다.

제**6**장

교호작용

6.1 교호작용이란

교호작용(Reciprocal action)이란 어느 요인의 효과가 다른 요인의 수준에 따라 변화하는 요인들의 조합 효과를 말합니다.

우선, 교호작용이 없는 예를 봅시다. 그림 6.1은 술과 요리의 조합에 대한 앙케트 결과를 평균치로 정리한 것입니다.

술	요리		
	프랑스 요리	일본 요리	이탈리아 요리
와인	7.3	6.5	6
일본주	6.2	5.8	5.5

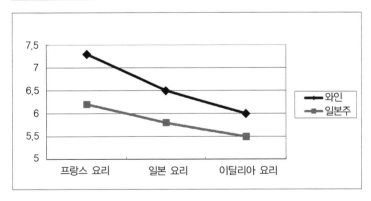

그림 6.1 술과 요리의 조합에 대한 평가 데이터(1)

요인 효과도는 술과 요리에 따라서 평가점이 영향을 받고 있는 상태를 나타내고 있습니다. 한쪽 요인의 영향은 이미 다른 쪽 요인의 수준에 따라 영향의 크기가 변하지 않기 때문에, 요인 효과도의 그래프 선이 서로 평행에 가까운 상태로 되어 있습니다. 이 상태에서는 교호작용이 있다고 할 수 없습니다.

다음은 교호작용이 있는 예입니다. 그림 6.2는 마찬가지로 앙케트 대상을 조금 바꿔 실시한 결과입니다.

술	요리		
	프랑스 요리	일본 요리	이탈리아 요리
와인	7.3	6.1	6
일본주	6.2	6.9	5.5

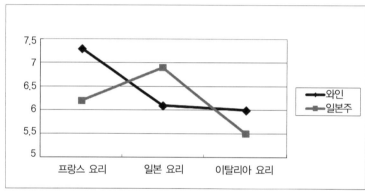

그림 6.2 술과 요리의 조합에 대한 평가 데이터(2)

이번의 요인효과도는 그림 6.1과는 다르게 그래프 선이 평행하지 않은 상태입니다. 술이 일본주일 때, 조합한 요리가 일본 요리의 경우와 그 외의 경우에서 평가에 대한 영향이 크게 다르게 나타나고 있습니다. 이와 같이 한쪽 요인의 영향이 다른 요인의 수준에 따라 크게 다른 것을 '교호작용이 있다'라고 합니다. '술'이라는 요인과 '요리'라는 요인의 교호작용이므로 '술×요리의 교호작용'으로 표현하는 경우도 있습니다.

6.2 교호작용의 영향을 분석한다

이와 같이 교호작용이 있는 상태에서는 지금까지 소개한 요인계획의 해석을 그대로 실시하면 잘되지 않습니다. 그림 6.2의 데이터로 분산 분석을 실시하겠습니다.

분산 분석

변동의 요인	제곱합	자유도	제곱 평균	F 비	P-값	F 기각치
술	0.1066667	1	0.1066667	0.22614841	0.6812724	18.512821
요리	1.0833333	2	0.5416667	1.14840989	0.4654605	19
잔차	0.9433333	2	0.4716667			
계	2.1333333	5				

그림 6.3 교호작용이 있을 때의 분산 분석 결과

어느 요인도 P-값이 15% 이상으로 효과가 없다는 결과가 산출되었습니다. 요인 효과도를 보면 술이 와인일 때는 분명히 요리에 의한 평가점의 차이가 있는 것으로 보였지만, 이것이 분석 결과에 나타나지는 않습니다. 변동의 원그래프를 그려보면 다음과 같습니다.

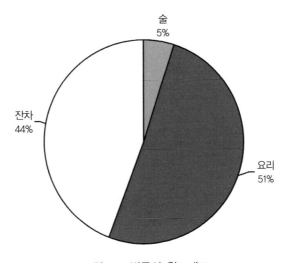

그림 6.4 변동의 원그래프

오차의 변동(잔차)이 44%로 나타났습니다. 그 때문에 요리에 의한 변화 자체가 적지 않은 데도, 계산된 분산비는 작은 값이 산출되어, 분산 분석에서는 요인의 효과가 나타나지 않았다고 할 수 있습니다. 교호작용에 의한 영향이 오차의 변동 속에 뒤섞여 버린 것입니다.

비교를 위하여 교호작용이 없는 데이터(그림 6.1)로 분산 분석을 하고 같은 방법으로 변동의 원그래프를 그려보면, 그림 6.5와 같이 오차의 변동은 5% 정도로 줄었습니다.

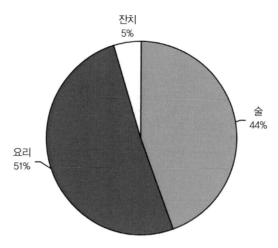

그림 6.5 교호작용이 없는 경우의 변동의 원그래프

오차의 변동 중에서 교호작용의 영향을 분리할 수 있으면 좋지만, 그림 6.2의 데이터에서는 할 수가 없습니다. 그 이유는 그림 6.2의 데이터에서는 거기까지 분석하기 위한 '데이터 개수가 부족'하기 때문입니다.

통계적으로 해석하려면 해석의 목적을 위하여 충분한 개수의 데이터가 필요합니다. '교호작용을 분석한다'라는 새로운 해석의 목적이 늘어난 경우는 그것에 맞는 개수의 데이터를 늘릴 필요가 있습니다.

그렇다면 어떻게 데이터를 늘리면 좋을까요?

교호작용의 영향을 분석하기 위해서는 모든 데이터를 '반복하여' 취득할 필요가 있습니다. 즉, 그림 6.2에서 취득한 데이터를 다시 한 번 모든 조건으로 잡고, 각 셀의 데이터가 1개씩이 아니라 2개씩 있는 상태로 하면 됩니다. 그렇다고 다시 앙케트를 조사를 할 필요는 없습니다. 그림 6.2의 데이터는 앙케트 결과를 '평균치'로 정리한 데이터입니다. 실은 앙케트에 응한 사람 수가 10명이었으므로 이것을 5명씩 묶어 평균치로 정리한 데이터를 사용하면, 각 셀의 데이터가 2개씩 되어 교호작용의 분석이 가능합니다. 단, 10명을 5명씩 나눌 때에는 '무작위'로 실시하지 않으면, 나누는 쪽의 영향으로 해석결과가 변할 수 있으므로 주의해야 합니다.

그림 6.2의 데이터를 5명씩의 평균치로 정리해보면 그림 6.6과 같은 데이터를 얻을 수 있습니다. 이 데이터로 분산 분석을 실시하면 교호작용의 영향을 분석할 수 있습니다.

데이터	요리		
	프랑스 요리	일본 요리	이탈리아 요리
와인	7.1	6	5.8
	7.5	6.2	6.2
일본주	6.1	6.7	5.4
	6.3	7.1	5.6

그림 6.6 5명씩 평균치로 정리한 그림 6.2의 데이터

Excel의 분석 툴에서 '분산 분석 : 반복 있는 이원 배치법'을 선택합니다.

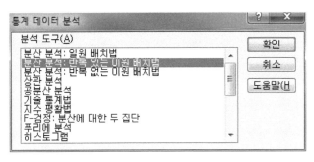

그림 6.7 '분산 분석 : 반복 있는 이원 배치법'을 선택

표시된 다이얼로그에서 '입력범위'에 그림 6.6의 굵은 테두리선의 범위를 지정하고, 표본당 행수에 '2'를 입력하고 [확인] 버튼을 클릭합니다.

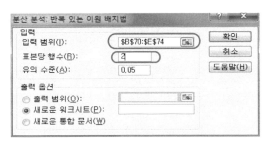

그림 6.8 분산 분석의 다이얼로그

다음과 같이 분산 분석 결과가 표시됩니다.

분산 분석 : 반복 있는 이원 배치법

요약표	프랑스 요리	일본 요리	이탈리아 요리	계
와인				
관측수	2	2	2	6
합	14.6	12.2	12	38.8
평균	7.3	6.1	6	6.46666667
분산	0.08	0.02	0.08	0.45466667
일본주				
관측수	2	2	2	6
합	12.4	13.8	11	37.2
평균	6.2	6.9	5.5	6.2
분산	0.02	0.08	0.02	0.416
계				
관측수	4	4	4	
합	27	26	23	
평균	6.75	6.5	5.75	
분산	0.4366667	0.2466667	0.1166667	

분산 분석

변동의 요인	제곱합	자유도	제곱 평균	F 비	P-값	F 기각치
인자 A(행)	0.2133333	1	0.2133333	4.26666667	0.0844008	5.9873776
인자 B(열)	2.1666667	2	1.0833333	21.6666667	0.001799	5.1432528
교호작용	1.8866667	2	0.9433333	18.8666667	0.0025824	5.1432528
잔차	0.3	6	0.05			
계	4.5666667	11				

행이 술, 열이 요리를 표시

그림 6.9 분산 분석 결과

제일 아래 분산 분석표에 '교호작용'의 항목이 있습니다. 분석 결과는 2요인 계획의 분산 분석과 마찬가지로 해당하는 항목의 P-값으로 판단합니다. 이 결과에서는 '행'에 표시된 '술', '열'에 표시된 '요리'와 '교호작용'의 P-값이 15% 이하가 되어, 모두 평가결과에 대하여 효과가 있다고 판단할 수 있습니다.

교호작용에 대하여 요인만의 영향을 주효과라고 합니다. 이번 결과에서 '술', '요리' 양쪽 모두 주된 효과가 있다고 할 수 있습니다.

변동의 원그래프를 그리면 그림 6.10과 같습니다.

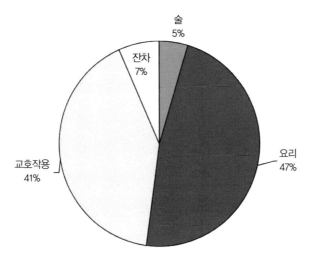

그림 6.10 변동의 원그래프

그림 6.4에서는 오차의 변동 부분 중에 대부분이 교호작용의 변동으로 분리된 것을 알 수 있습니다.

6.3 교호작용의 분산 분석

여기서 교호작용이 분산 분석에서 어떻게 해석되는지를 알아보겠습니다. 교호작용이 있는 2요인의 분산 분석에서는 데이터를 다음과 같이 나누어 생각합니다.

데이터＝총평균＋요인과 교호작용에 의한 변화＋(반복)오차에 의한 변화

이것에 의하여 변동에 대해서는 다음과 같이 나타낼 수 있습니다.

전 데이터의 변동＝요인과 교호의 변동＋오차의 변동

전 데이터의 변동은 데이터와 총평균과의 차이를 2승하여 합계한 것으로 구할 수 있습니다.

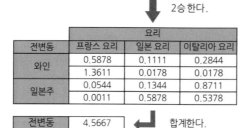

데이터	요리		
	프랑스 요리	일본 요리	이탈리아 요리
와인	7.1	6	5.8
	7.5	6.2	6.2
일본주	6.1	6.7	5.4
	6.3	7.1	5.6

총평균	6.33

모든 데이터에서 총평균을 뺀다.

편차	요리		
	프랑스 요리	일본 요리	이탈리아 요리
와인	0.77	-0.33	-0.53
	1.17	-0.13	-0.13
일본주	-0.23	0.37	-0.93
	-0.03	0.77	-0.73

2승한다.

전변동	요리		
	프랑스 요리	일본 요리	이탈리아 요리
와인	0.5878	0.1111	0.2844
	1.3611	0.0178	0.0178
일본주	0.0544	0.1344	0.8711
	0.0011	0.5878	0.5378

전변동	4.5667

합계한다.

그림 6.11 전 데이터의 변동

'전 데이터의 변동'은 4.5667이 구해졌습니다.

'요인과 교호작용의 변동'은 같은 조건의 데이터를 평균하고, 총평균의 차이를 2승한 것을 합계하여 구합니다. 단, 원래의 데이터 개수의 합계로 해야 하기 때문에, 합계치를 같은 조건의 데이터 개수의 배(여기서는 반복개수가 2이므로 2배)로 할 필요가 있습니다.

각 평균	요리		
	프랑스 요리	일본 요리	이탈리아 요리
와인	7.3	6.1	6.0
일본주	6.2	6.9	5.5

 같은 조건의 2데이터씩의 평균을
구하여 총평균(6.33)을 뺀다.

각 편차	요리		
	프랑스 요리	일본 요리	이탈리아 요리
와인	0.97	-0.23	-0.33
일본주	-0.13	0.57	-0.83

2승 한다.

각 변동	요리		
	프랑스 요리	일본 요리	이탈리아 요리
와인	0.9344	0.0544	0.1111
일본주	0.0178	0.3211	0.6944

요인과 교호작용의 변동	4.2667	합계하여 2배 한다.

그림 6.12 요인과 교호작용의 변동

‘요인과 교호작용의 변동’은 4.2667이 됩니다. ‘오차의 변동’은 ‘전 데이터의 변동’에서 ‘요인과 교호작용의 변동’을 빼면 다음과 같습니다.

오차의 변동＝전 데이터의 변동－요인과 교호작용의 변동
　　　　　＝4.5667－4.2667＝0.3

‘요인과 교호작용에 의한 변동’은 ‘요인의 변동’과 ‘교호작용의 변동’의 합계이므로 다음과 같이 분해할 수 있습니다.

요인과 교호작용의 변동＝술의 변동＋요리의 변동＋교호작용의 변동

‘술의 변동’과 ‘요리의 변동’은 그림 2.17과 마찬가지의 순서로 구할 수 있습니다.

데이터	요리			각 평균	총평균과의 차	←2승
	프랑스 요리	일본 요리	이탈리아 요리			
와인	7.1	6	5.8	6.47	0.13	0.0178
	7.5	6.2	6.2			
일본주	6.1	6.7	5.4	6.2	-0.13	0.0178
	6.3	7.1	5.6			
각 평균	6.75	6.5	5.75			
총평균과의 차	0.42	0.17	-0.58			
↑2승	0.1736	0.0278	0.3403			

합계하여 6배 한다. → 술의 변동 0.2133

합계하여 4배 한다. → 요리의 변동 2.1667

그림 6.13 요인의 변동

그 결과, '술의 변동'은 0.2133, '요리의 변동'은 2.1667이 되었습니다. 이 값을 '요인과 교호작용의 변동' 4.2667에서 빼면 '교호작용의 변동'이 구해집니다.

교호작용의 변동＝요인과 교호작용의 변동−술의 변동−요리의 변동
＝4.2667−0.2133−2.1667＝1.8867

이와 같이 구한 변동을 정리하면 다음과 같습니다.

· 술의 변동＝0.2133
· 요리의 변동＝2.1667
· 교호작용의 변동＝1.8867
· 오차의 변동＝0.3

변동이 구해지면, 이후부터는 2요인 계획의 분산 분석과 전부 같아집니다.
변동을 자유도로 나누면 분산을 구할 수 있습니다. 또, 교호작용의 자유도는 각 요인의 자유도를 곱하여 합한 값이 됩니다.

· 술의 자유도＝술의 수준개수−1＝2−1＝1
· 술의 자유도＝요리의 수준개수−1＝3−1＝2
· 교호작용의 자유도＝술의 자유도×요리의 자유도＝2×1＝2
· 오차의 자유도＝전체의 자유도−위의 3개의 자유도 합계

=모든 데이터의 개수-1-위의 3개의 자유도 합계

=12-1-1-2-2=6

따라서,

· 술의 분산=0.2133/1=0.2133
· 요리의 분산=2.1667/2=1.0833
· 교호작용의 분산=1.8867/2=0.9433
· 오차의 분산=0.3/6=0.05

구해진 '술의 분산', '요리의 분산', '교호작용의 분산'을 '오차의 분산'으로 나누어 각각의 분산비를 구합니다.

· 술의 분산비=0.2133/0.05=4.266
· 요리의 분산비=1.0833/0.05=21.666
· 교호작용의 분산비=0.9433/0.05=18.866

분산비에서 P-값이 구하면 다음과 같습니다.

· 술의 P-값 : FDIST(4.266, 1, 6)=0.0844
· 요리의 P-값 : FDIST(21.666, 2, 6)=0.0018
· 교호작용의 P-값 : FDIST(18.866, 2, 6)=0.0026

위의 값들이 전부 그림 6.9의 분산 분석표와 일치하는지 확인하시기 바랍니다.

6.4 3요인 계획의 교호작용

제2장의 2.3절에서 다음과 같은 3요인 계획의 분산 분석에 대하여, 1요인 계획의 분산 분석을 3번 실시하여 조합함으로써 3요인의 분산 분석표를 작성하는 순서를 소개하였습니다.

표 6.1 판촉과 매상고(표 2.3과 같음)

광고	AC(Auto Call)	지속기간		
		1개월	2개월	3개월
전단지	있음	60	66	77
	없음	67	80	83
카탈로그	있음	75	76	90
	없음	80	87	89
POP	있음	64	66	71
	없음	64	65	66

분산 분석표 [3요인]

변동의 요인	제곱합	자유도	제곱 평균	F 비	P-값	F 기각치
광고	870.33	2	435.167	22.158	0.0001	3.885
AC(Auto Call)	72	1	72	3.666	0.0797	4.747
지속기간	364	2	182	9.267	0.0037	3.885
잔차	235.67	12	19.639			
계	1542	17				

그림 6.14 3요인의 분산 분석표(그림 2.26과 같음)

3요인 계획의 데이터 개수는 교호작용을 분석하기 위한 데이터 개수로 충분합니다. 즉, 표 6.1의 데이터로 교호작용을 포함한 분산 분석표를 작성할 수 있다는 것입니다.

여기에서는 분산 분석표를 구하는 방법을 상세하게 설명하기 위하여 앞의 항과 마찬가지의 계산방법으로 표 6.1의 데이터로 분산 분석표를 구하도록 하겠습니다.

우선, 모든 데이터에 대하여 변동을 구합니다. 그림 6.11과 마찬가지로 표 6.1의 각 데이터로 총평균과의 차이를 2승하여 합계합니다.

광고	AC (Auto call)	지속기간		
		1개월	2개월	3개월
전단지	있음	60	66	77
	없음	67	80	83
카탈로그	있음	75	76	90
	없음	80	87	89
POP	있음	64	66	71
	없음	64	65	66

총평균	73.66667

 모든 데이터에서 총평균을 뺀다.

광고	AC (Auto call)	지속기간		
		1개월	2개월	3개월
전단지	있음	-13.6667	-7.66667	3.333333
	없음	-6.66667	6.333333	9.333333
카탈로그	있음	1.333333	2.333333	16.33333
	없음	6.333333	13.33333	15.33333
POP	있음	-9.66667	-7.66667	-2.66667
	없음	-9.66667	-8.66667	-7.66667

 2승 한다.

광고	AC (Auto call)	지속기간		
		1개월	2개월	3개월
전단지	있음	186.7778	58.77778	11.11111
	없음	44.44444	40.11111	87.11111
카탈로그	있음	1.777778	5.444444	266.7778
	없음	40.11111	177.7778	235.1111
POP	있음	93.44444	58.77778	7.111111
	없음	93.44444	75.11111	58.77778

전변동	1542

합계한다.

그림 6.15 전체 데이터의 변동

전체 데이터의 변동은 1542가 됩니다. 물론 이것은 그림 2.26의 합계한 변동과 일치합니다.

다음은 요인과 교호작용의 변동을 구하는데, 이를 위하여 3개의 요인 중에서 2개의 요인에 대한 데이터의 표를 작성합니다. '광고', 'AC(Auto Call)', '지속기간'의 3요인에서 2요인의 선택은 '광고와 AC', '광고와 지속기간', 'AC와 지속기간' 3가지이므로, 그림 6.16과 같이 3개의 표를 작성할 수 있습니다. 이와 같은 표를 2원표(이원표)라고 합니다.

① 광고와 AC

광고	AC	
	있음	없음
전단지	60	67
	66	80
	77	83
카탈로그	75	80
	76	87
	90	89
POP	64	64
	66	65
	71	66

② 광고와 지속기간

광고	지속기간		
	1개월	2개월	3개월
전단지	60	66	77
	67	80	83
카탈로그	75	76	90
	80	87	89
POP	64	66	71
	64	65	66

③ AC와 지속기간

AC	지속기간		
	1개월	2개월	3개월
있음	60	66	77
	75	76	90
	64	66	71
없음	67	80	83
	80	87	89
	64	65	66

그림 6.16 2원표

이 3개의 표에 대하여 그림 6.12와 같은 순서로 '요인과 교호작용의 변동'을 구합니다.

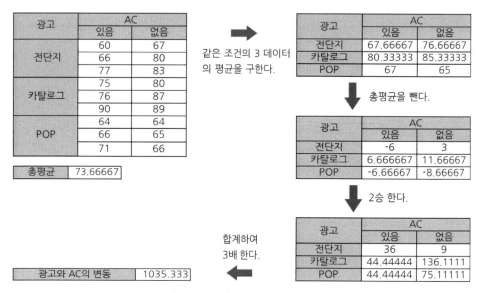

그림 6.17 '광고와 AC'의 요인과 교호작용의 변동

광고	지속기간		
	1개월	2개월	3개월
전단지	60	66	77
	67	80	83
카탈로그	75	76	90
	80	87	89
POP	64	66	71
	64	65	66

총평균	73.66667

같은 조건의 2 데이터의 평균을 구한다.

광고	지속기간		
	1개월	2개월	3개월
전단지	63.5	73	80
카탈로그	77.5	81.5	89.5
POP	64	65.5	68.5

총평균을 뺀다.

광고	지속기간		
	1개월	2개월	3개월
전단지	-10.1667	-0.66667	6.333333
카탈로그	3.833333	7.833333	15.83333
POP	-9.66667	-8.16667	-5.16667

2승 한다.

광고	지속기간		
	1개월	2개월	3개월
전단지	103.3611	0.444444	40.11111
카탈로그	14.69444	61.36111	250.6944
POP	93.44444	66.69444	26.69444

합계하여 2배 한다.

광고와 지속기간의 변동	1315

그림 6.18 '광고와 지속기간'의 요인과 교호작용의 변동

AC	지속기간		
	1개월	2개월	3개월
있음	60	66	77
	75	76	90
	64	66	71
없음	67	80	83
	80	87	89
	64	65	66

총평균	73.66667

같은 조건의 2 데이터의 평균을 구한다.

AC	지속기간		
	1개월	2개월	3개월
있음	66.33333	69.33333	79.33333
없음	70.33333	77.33333	79.33333

총평균을 뺀다.

AC	지속기간		
	1개월	2개월	3개월
있음	-7.33333	-4.33333	5.666667
없음	-3.33333	3.666667	5.666667

2승 한다.

AC	지속기간		
	1개월	2개월	3개월
있음	53.77778	18.77778	32.11111
없음	11.11111	13.44444	32.11111

합계하여 2배 한다.

AC와 지속기간의 변동	484

그림 6.19 'AC와 지속기간'의 요인과 교호작용의 변동

구해진 3개의 변동 각각에서 '요인'만의 변동을 뺀 것으로 교호작용의 변동을 구할 수 있습니다. 요인의 변동은 그림 6.16의 2원표 중에서 아무거나 2개를 사용하여 그림 6.13과 마찬가지로 다음과 같이 구합니다.

① 광고와 지속기간의 2원표에서 '광고'와 '지속기간'의 변동을 구한다.

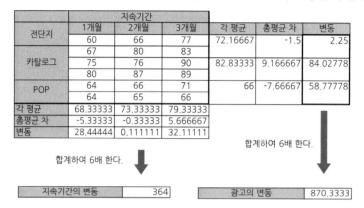

② 남은 'AC'의 변동을 AC와 지속기간의 2원표에서 구한다.

그림 6.20 요인의 변동

이상에 의하여 변동을 정리하면 다음과 같습니다.

- 전체 데이터의 변동=1542
- 광고와 AC의 변동=1035.33
- 광고와 지속기간의 변동=1315
- AC와 지속기간의 변동=484
- 광고의 변동=870.33
- AC의 변동=72
- 지속기간의 변동=364

교호작용의 변동은

- 광고×AC의 변동＝광고와 AC의 변동－광고의 변동－AC의 변동
$$=1035.33-870.33-72=93$$
- 광고×지속기간의 변동＝광고와 지속기간의 변동－광고의 변동－지속기간의 변동
$$=1315-870.33-364=80.67$$
- AC×지속기간의 변동＝AC와 지속기간의 변동－AC의 변동－지속기간의 변동
$$=484-72-364=48$$

변동이 구해지면 그 뒤부터는 지금까지와 마찬가지의 순서입니다. 각 변동을 각각의 자유도로 나누어 분산을 구해, 오차의 분산에 대한 분산비에서 P-값을 구합니다. 이 결과는 그림 6.21과 같이 분산 분석표를 작성할 수 있습니다.

분산 분석

변동의 요인	제곱합	자유도	제곱 평균	F 비	P-값
광고	870.3333	2	435.1667	124.3333	0.000251
AC	72	1	72	20.57143	0.010533
지속기간	364	2	182	52	0.001372
광고×AC	93	2	46.5	13.28571	0.017119
광고×지속기간	80.66667	4	20.16667	5.761905	0.059143
AC×지속기간	48	2	24	6.857143	0.050989
잔차	14	4	3.5		
계	1542	17			

그림 6.21 분산 분석표

계산결과, '광고', 'AC', '지속기간'의 주효과만이 아니고 '광고×AC의 교호작용', '광고×지속기간', 'AC×지속기간' 모두의 교호작용에 대해서도 P-값이 15% 이하가 되어, 매상고에 효과가 있는 것으로 나타났습니다. 판촉으로 매상을 늘리기 위해서는 요인의 조합에 대해서도 주의하여 실시방법을 정할 필요가 있습니다.

이와 같이 3요인 계획에서는 요인의 주효과만이 아니고 교호작용을 포함한 해석도 가능합니다.

정리

· 교호작용이란 요인의 수준끼리 조합한 것에 대한 효과입니다. 교호작용에서 요인만의 효과를 주효과라 합니다.
· 교호작용을 해석하기 위해서는 충분한 데이터 개수가 필요하며, 2요인 계획에서는 같은 조건에서의 반복 데이터가 필요합니다.
· 3요인 계획에서는 데이터 개수가 교호작용을 해석하는 데 필요한 개수에 충족하기 때문에, 교호작용을 포함한 해석을 실시할 수 있습니다.

참고문헌

1. 鷲尾泰俊, 『実験の計画と解析』, 岩波書店.
2. 渕上美喜, 上田太一郎, 古谷都紀子, 『実戦ワークショップ Excel 徹底活用 ビジネスデータ分析』, 秀和システム.

제7장
라틴 방진

라틴 방진이나 직교표를 사용하면 실험횟수나 조사항목을 줄일 수 있습니다.

지금까지 소개한 요인계획의 방법에서는 제1장과 같이 요인이 늘어나면, 해석이 복잡해질 뿐만이 아니라 실험횟수 또는 조사 항목개수가 방대해지기 때문에, 실제로 실험이나 조사를 하는 것이 어렵습니다.

그렇기 때문에 요인개수가 많은 본격적인 실험이나 조사를 하는 데 어떤 방법으로든 실험횟수(조사항목수)를 줄일 필요가 있습니다. 요인계획에서는 그 수단으로써 라틴 방진과 직교표라는 편리한 표를 이용합니다.

예를 들면 4수준의 요인이 3개 있을 때, 3요인계획법에서는 실험이 64회나 필요합니다. 그런데 라틴 방진을 사용한 요인계획에서는 16회로 완료할 수 있습니다.

이 장에서는 라틴 방진에 의한 요인계획과 그 데이터 해석법에 대하여 설명합니다.

제7장

라틴 방진

7.1 라틴 방진이란

라틴 방진(Latin square)이란? n개의 서로 다른 기호를 써서 n행 n열의 정사각형으로 늘어놓을 때 각 행 및 각 열에 같은 기호가 나타나지 않도록 한 개씩만 배치한 것을 말합니다. 그림 7.1에 3×3 정사각형의 칸으로 만든 라틴 방진의 예를 표시하였는데, A, B, C 3종류의 기호가 각 행과 각 열 모두에 중복되지 않도록 배치되어 있습니다.

라틴 방진의 '라틴'은 라틴문자 A, B, … 로, 즉 알파벳이며, '방진'은 정사각형을 말합니다. 물론 라틴 방진에 사용하는 기호는 알파벳 이외에도 상관이 없지만 알파벳이 많이 사용되는 것은 수학자인 레온하르트 오일러가 이 이름을 지었기 때문입니다.

A	B	C
B	C	A
C	A	B

그림 7.1 3×3 라틴 방진

그림 7.1과 같이 1열과 1행에 기호가 순서대로 나란한 라틴 방진은 '기준형' 또는 '표준형'이라고 합니다. 3×3의 라틴 방진은 이 기준형에 그 행 및 열을 교체하는 것을 포함하여 총 12종류가 있습니다.

4×4의 라틴 방진의 기준형은 다음에 표시한 4종류로, 그 행 및 열을 교체한 것을 포함하여 총 576종류가 있습니다.

A	B	C	D
B	A	D	C
C	D	A	B
D	C	B	A

A	B	C	D
B	A	D	C
C	D	B	A
D	C	A	B

A	B	C	D
B	C	D	A
C	D	A	B
D	A	B	C

A	B	C	D
B	D	A	C
C	A	D	B
D	C	B	A

그림 7.2 4×4 라틴 방진의 기준형

라틴 방진은 n종류의 기호가 $n \times n$의 칸으로 골고루 배치되어 있으므로, 이것을 이용하면 요인과 수준이 골고루 배치된 계획행렬을 만들 수 있습니다. 3×3의 라틴 방진에서는 3수준의 요인 3개를 그림 7.3과 같이 배치하여, 그림 7.4와 같은 계획행렬을 작성할 수 있습니다.

그림 7.3 라틴 방진의 요인 할당

No.	A 요인	B 요인	C 요인
1	A_1	B_1	C_1
2	A_1	B_2	C_2
3	A_1	B_3	C_3
4	A_2	B_1	C_2
5	A_2	B_2	C_3
6	A_2	B_3	C_1
7	A_3	B_1	C_3
8	A_3	B_2	C_1
9	A_3	B_3	C_2

그림 7.4 3×3 라틴 방진의 계획행렬

3수준의 요인이 3개인 경우, 일반적인 요인계획에서는 27회의 실험이 필요한 반면, 라틴 방진을 이용하면 9회로 끝낼 수 있습니다. 또, 4수준의 요인이 3개인 경우는 그림 7.5와 같이 4×4의 라틴 방진으로 할당하면 일반적인 요인계획에서 필요한 실험이 64회인 것에 대하여 16회의 실험으로 끝낼 수 있습니다.

	B_1	B_2	B_3	B_4
A_1	C_1	C_2	C_3	C_4
A_2	C_2	C_1	C_4	C_3
A_3	C_3	C_4	C_1	C_2
A_4	C_4	C_3	C_2	C_1

그림 7.5 4×4 라틴 방진의 요인과 수준의 할당

이 계획행렬은 그림 7.6과 같습니다.

No.	A	B	C
1	A_1	B_1	C_1
2	A_1	B_2	C_2
3	A_1	B_3	C_3
4	A_1	B_4	C_4
5	A_2	B_1	C_2
6	A_2	B_2	C_1
7	A_2	B_3	C_4
8	A_2	B_4	C_3
9	A_3	B_1	C_3
10	A_3	B_2	C_4
11	A_3	B_3	C_1
12	A_3	B_4	C_2
13	A_4	B_1	C_4
14	A_4	B_2	C_3
15	A_4	B_3	C_2
16	A_4	B_4	C_1

그림 7.6 4×4 라틴 방진의 계획행렬

7.2 그레코라틴 방진

다음 그림과 같이 2종류의 4×4 라틴 방진을 조합시켜 같은 조합이 되는 칸이 없도록 배치하는 것을 '그레코라틴 방진'이라 합니다. 그레코라틴 방진을 이용하여 요인과 수준을 할당하면 4수준의 요인이 4개인 요인계획을 16회의 실험으로 실현할 수 있습니다.

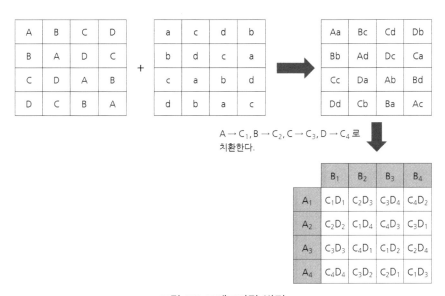

$A \to C_1, B \to C_2, C \to C_3, D \to C_4$ 로 치환한다.

	B_1	B_2	B_3	B_4
A_1	C_1D_1	C_2D_3	C_3D_4	C_4D_2
A_2	C_2D_2	C_1D_4	C_4D_3	C_3D_1
A_3	C_3D_3	C_4D_1	C_1D_2	C_2D_4
A_4	C_4D_4	C_3D_2	C_2D_1	C_1D_3

그림 7.7 그레코라틴 방진

No.	A	B	C	D
1	A_1	B_1	C_1	D_1
2	A_1	B_2	C_2	D_3
3	A_1	B_3	C_3	D_4
4	A_1	B_4	C_4	D_2
5	A_2	B_1	C_2	D_2
6	A_2	B_2	C_1	D_4
7	A_2	B_3	C_4	D_3
8	A_2	B_4	C_3	D_1
9	A_3	B_1	C_3	D_3
10	A_3	B_2	C_4	D_1
11	A_3	B_3	C_1	D_2
12	A_3	B_4	C_2	D_4
13	A_4	B_1	C_4	D_4
14	A_4	B_2	C_3	D_2
15	A_4	B_3	C_2	D_1
16	A_4	B_4	C_1	D_3

그림 7.8 그레코라틴 방진의 계획행렬

단, 라틴 방진, 그레코라틴 방진을 이용한 요인계획에서는 교호작용에 대해서는 해석할 수 없습니다. 데이터 개수가 교호작용을 해석하는 데 부족하기 때문에, 요인의 주효과만을 분석할 때에 이용할 수 있는 방법입니다.

7.3 4×4 라틴 방진법의 사례 : 어떤 중고차가 좋을까?

그렇다면 실제로 라틴 방진을 이용한 요인계획을 해보겠습니다.

표 7.1은 중고차의 선정기준에 대한 앙케트를 실시한 것으로 항목으로 채택한 요인과 수준입니다.

중고차에 대한 앙케트입니다.
선택사항으로 들었던 중고차에 대하여 '사도 좋을지'라는 정도를 10점 만점으로 기입해주세요.

No.	특징	옵션	색상	10점 만점으로 기입해주세요. 평가
1	주행거리가 짧다.	선루프	은색	
2	주행거리가 짧다.	내비게이션	하얀색	
3	주행거리가 짧다.	TV	빨간색	
4	주행거리가 짧다.	ETC	검은색	
5	남은 검사기간이 길다.	선루프	은색	
6	남은 검사기간이 길다.	내비게이션	하얀색	
7	남은 검사기간이 길다.	TV	빨간색	
8	남은 검사기간이 길다.	ETC	검은색	
9	가격이 적당하다.	선루프	은색	
10	가격이 적당하다.	내비게이션	하얀색	
11	가격이 적당하다.	TV	빨간색	
12	가격이 적당하다.	ETC	검은색	
13	마음에 드는 메이커 제품	선루프	은색	
14	마음에 드는 메이커 제품	내비게이션	하얀색	
15	마음에 드는 메이커 제품	TV	빨간색	
16	마음에 드는 메이커 제품	ETC	검은색	

당신은 차를 좋아합니까?	해당하는 곳에 ○ 하시오.
네	
보통	

그림 7.9 앙케트 용지

표 7.1 중고차 앙케트의 요인과 수준

요인	제1수준	제2수준	제3수준	제4수준
특징	주행거리가 짧음	남은 검사기간이 길다	가격이 적당	마음에 드는 메이커 제품
옵션	선루프	내비게이션	TV	ETC
색상	은색	하얀색	빨간색	검은색

4수준의 요인이 3개이므로 조사 항목개수를 효율화하기 위하여 4×4의 라틴 방진을 이용하여 요인을 계획할 수 있습니다.

그림 7.5에 표시한 4×4의 라틴 방진을 이용하는 것으로 하고, 그림 7.6의 계획행렬에 요인과 수준을 할당하여 그림 7.9와 같은 앙케트 용지를 작성하였습니다.

앙케트를 실시하여 22인으로부터의 평가회답을 다음과 같이 평균치로 정리하였습니다.

No.	특징	옵션	색상	차가 좋다
1	주행거리가 짧다.	선루프	은색	5.4
2	주행거리가 짧다.	내비게이션	하얀색	7.2
3	주행거리가 짧다.	TV	빨간색	3.3
4	주행거리가 짧다.	ETC	검은색	5.3
5	남은 검사기간이 길다.	선루프	은색	3.9
6	남은 검사기간이 길다.	내비게이션	하얀색	6.6
7	남은 검사기간이 길다.	TV	빨간색	4.6
8	남은 검사기간이 길다.	ETC	검은색	3.1
9	가격이 적당하다.	선루프	은색	3.7
10	가격이 적당하다.	내비게이션	하얀색	7.2
11	가격이 적당하다.	TV	빨간색	5.1
12	가격이 적당하다.	ETC	검은색	4.7
13	마음에 드는 메이커 제품	선루프	은색	5.1
14	마음에 드는 메이커 제품	내비게이션	하얀색	5.0
15	마음에 드는 메이커 제품	TV	빨간색	4.2
16	마음에 드는 메이커 제품	ETC	검은색	6.1

그림 7.10 앙케트 결과

위의 데이터에 대하여 해석합니다.

라틴 방진을 이용한 요인계획의 해석에는 1요인 해석의 분산 분석을 3회 실시하여 분산 분석표를 작성하거나(제2장의 2.3절에서 소개한 3요인 계획의 해석과 같은 순서), 제5장에서 소개한 회귀분석에 의한 방법으로 해석해보겠습니다.

우선, 그림 7.10의 계획행렬 부분을 1, 0의 더미변수를 사용하여 수치화합니다. 수준의 항목으로 열을 만들어 계획행렬에 해당하는 칸에 1을, 그렇지 않은 칸에는 0으로 치환하여 그림 7.11과 같이 수치화한 표를 작성합니다.

No.	주행거리가 짧다	남은 검사기 간이 길다	가격이 적당하다	마음에 드는 메이커 제품	선루프	내비게이션	TV	ETC	은색	하얀색	빨간색	검은색	평가
1	1	0	0	0	1	0	0	0	1	0	0	0	5.4
2	1	0	0	0	0	1	0	0	0	1	0	0	7.2
3	1	0	0	0	0	0	1	0	0	0	1	0	3.3
4	1	0	0	0	0	0	0	1	0	0	0	1	5.3
5	0	1	0	0	1	0	0	0	0	1	0	0	3.9
6	0	1	0	0	0	1	0	0	1	0	0	0	6.6
7	0	1	0	0	0	0	1	0	0	0	0	1	4.6
8	0	1	0	0	0	0	0	1	0	0	1	0	3.1
9	0	0	1	0	1	0	0	0	0	0	1	0	3.7
10	0	0	1	0	0	1	0	0	0	0	0	1	7.2
11	0	0	1	0	0	0	1	0	1	0	0	0	5.1
12	0	0	1	0	0	0	0	1	0	1	0	0	4.7
13	0	0	0	1	1	0	0	0	0	0	0	1	5.1
14	0	0	0	1	0	1	0	0	0	0	1	0	5.0
15	0	0	0	1	0	0	1	0	0	1	0	0	4.2
16	0	0	0	1	0	0	0	1	1	0	0	0	6.1

그림 7.11 더미변수로 수치화한 표

데이터가 중복되어 있는 상태를 해소하기 위하여 각 요인에 대하여 하나씩 수준항목의 열을 삭제합니다. 여기서는 '마음에 드는 메이커 제품', 'ETC', '검은색'의 열을 삭제하였습니다.

No.	주행거리가 짧다	남은 검사기 간이 길다	가격이 적당하다	선루프	내비게이션	TV	은색	하얀색	빨간색	평가
1	1	0	0	1	0	0	1	0	0	5.4
2	1	0	0	0	1	0	0	1	0	7.2
3	1	0	0	0	0	1	0	0	1	3.3
4	1	0	0	0	0	0	0	0	0	5.3
5	0	1	0	1	0	0	0	1	0	3.9
6	0	1	0	0	1	0	1	0	0	6.6
7	0	1	0	0	0	1	0	0	0	4.6
8	0	1	0	0	0	0	0	0	1	3.1
9	0	0	1	1	0	0	0	0	1	3.7
10	0	0	1	0	1	0	0	0	0	7.2
11	0	0	1	0	0	1	1	0	0	5.1
12	0	0	1	0	0	0	0	1	0	4.7
13	0	0	0	1	0	0	0	0	0	5.1
14	0	0	0	0	1	0	0	0	1	5.0
15	0	0	0	0	0	1	0	1	0	4.2
16	0	0	0	0	0	0	1	0	0	6.1

그림 7.12 각 요인에서 1열씩 삭제한 표

이 표(그림 7.12)에 대하여 Excel에서 분석 툴인 회귀분석을 실험합니다.

분석 툴의 회귀분석 다이얼로그에서 그림 7.13과 같이 입력하고 [확인] 버튼을 클릭하면 그림 7.14와 같이 회귀분석 결과가 표시됩니다.

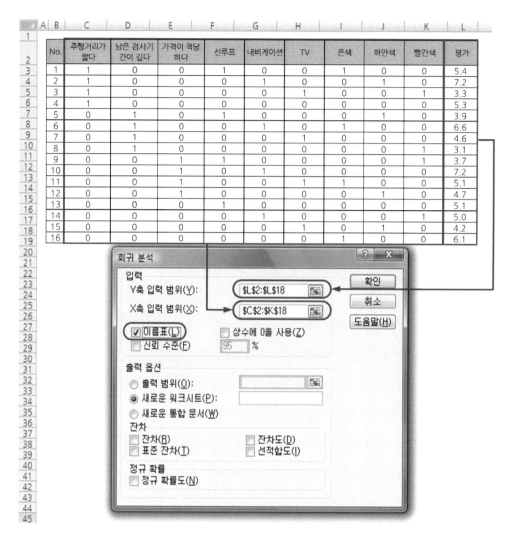

No.	주행거리가 짧다	남은 검사기 간이 길다	가격이 적당 하다	선루프	내비게이션	TV	은색	하얀색	빨간색	평가
1	1	0	0	1	0	0	1	0	0	5.4
2	1	0	0	0	1	0	0	1	0	7.2
3	1	0	0	0	0	1	0	0	1	3.3
4	1	0	0	0	0	0	0	0	0	5.3
5	0	1	0	1	0	0	0	1	0	3.9
6	0	1	0	0	1	0	1	0	0	6.6
7	0	1	0	0	0	1	0	0	0	4.6
8	0	1	0	0	0	0	0	0	1	3.1
9	0	0	1	1	0	0	0	0	1	3.7
10	0	0	1	0	1	0	0	0	0	7.2
11	0	0	1	0	0	1	1	0	0	5.1
12	0	0	1	0	0	0	0	1	0	4.7
13	0	0	0	1	0	0	0	0	0	5.1
14	0	0	0	0	1	0	0	0	1	5.0
15	0	0	0	0	0	1	0	1	0	4.2
16	0	0	0	0	0	0	1	0	0	6.1

그림 7.13 회귀분석의 다이얼로그

요약 출력

회귀분석 통계량	
다중 상관계수	0.980774
결정계수	0.961918
조정된 결정계수	0.904795
표준 오차	0.390246
관측수	16

분산 분석

	자유도	제곱합	제곱 평균	F 비	유의한 F
회귀	9	23.08063	2.564514	16.83949	0.001338
잔차	6	0.91375	0.152292		
계	15	23.99438			

	계수	표준 오차	t 통계량	P-값	하위 95%	상위 95%	하위 95.0%	상위 95.0%
Y 절편	5.3875	0.308516	17.46261	2.26E-06	4.632588	6.142412	4.632588	6.142412
주행거리가 짧다	0.2	0.275945	0.724781	0.495867	-0.47521	0.875214	-0.47521	0.875214
남은 검사기간이 길다	-0.55	0.275945	-1.99315	0.093308	-1.22521	0.125214	-1.22521	0.125214
가격이 적당하다	0.075	0.275945	0.271793	0.794891	-0.60021	0.750214	-0.60021	0.750214
선루프	-0.275	0.275945	-0.99657	0.357449	-0.95021	0.400214	-0.95021	0.400214
내비게이션	1.7	0.275945	6.16064	0.000839	1.024786	2.375214	1.024786	2.375214
TV	-0.5	0.275945	-1.81195	0.11995	-1.17521	0.175214	-1.17521	0.175214
은색	0.25	0.275945	0.905977	0.399866	-0.42521	0.925214	-0.42521	0.925214
하얀색	-0.55	0.275945	-1.99315	0.093308	-1.22521	0.125214	-1.22521	0.125214
빨간색	-1.775	0.275945	-6.43243	0.000667	-2.45021	-1.09979	-2.45021	-1.09979

그림 7.14 회귀분석 결과

그림 7.14의 왼쪽 아래의 계수로 평가점을 나타내는 회귀식을 구하면 다음 식과 같습니다.

$$
\text{평가점} = 5.3875 + \begin{cases} 0.200 \ (\text{주행거리가 짧다}) \\ -0.550 \ (\text{남은 검사기간이 길다}) \\ 0.075 \ (\text{가격이 적당하다}) \\ 0.000 \ (\text{마음에 드는 제조업체}) \end{cases} \overset{\text{옵션}}{+} \begin{cases} -0.275 \ (\text{선루프}) \\ 1.700 \ (\text{내비게이션}) \\ -0.500 \ (\text{TV}) \\ 0.000 \ (\text{ETC}) \end{cases}
$$

$$
\overset{\text{색상}}{+} \begin{cases} 0.250 \ (\text{은색}) \\ -0.550 \ (\text{하얀색}) \\ -1.775 \ (\text{빨간색}) \\ 0.000 \ (\text{검은색}) \end{cases}
$$

특징

그림 7.14를 작성할 때에 미리 삭제한 수준의 계수가 0이 되는 것에 주의하십시오.

이 회귀식에서 수준 등의 계수를 선택, 값을 계산하면 그 조건에서의 평가점을 예측할 수 있습니다. 예를 들면 앙케트 항목에는 없었던 '주행거리가 짧다', '선루프 부착', '빨간색' 중고차의 평가점은

평가점 =5.3875+0.2(주행거리가 짧다)-0.275(선루프)-1.775(빨간색)=3.54

로 구하는 것을 알 수 있습니다.

또 가장 평가점이 높은 조건은 각 요인 중에서 가장 계수가 큰 수준을 선택합니다. '주행거리가 짧다', '선루프 부착', '은색'일 때가 최고 평가가 되며, 그 평가점은

5.3875+0.2+1.7+0.25=7.54

가 되는 것을 예측할 수 있습니다.

계수 비교에 따라서 그 수준이 평가점에 얼마나 효과가 있는지를 비교할 수 있습니다. 예를 들면 '특징'의 어느 수준보다도 내비게이션이 설치되어 있거나, 빨간색인 쪽이 평가점수에 큰 영향을 준 것으로 나타났습니다.

요인끼리의 영향에 대한 크기를 비교하려면 그림 7.14에 표시한 각 요인에 대한 계수의 범위에서 구한 영향도를 이용합니다. '특징', '옵션', '색상' 각각의 영향도는 각 요인에 대한 계수의 최대치에서 최소치를 빼서 그림 7.15와 같이 구할 수 있습니다.

요인	최대 계수	최소 계수	영향도
특징	0.2	-0.55	0.75
옵션	1.7	-0.5	2.2
색상	0.25	-1.775	2.025

그림 7.15 영향도의 산출

영향도는 그래프로 그리면 알기 쉬우므로 그림 7.15의 영향도를 막대그래프로 나타냅니다.

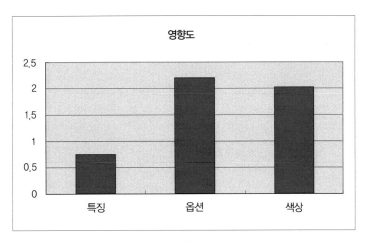

그림 7.16 영향도의 비교

그래프를 보면, '특징'보다도 '옵션'과 '색상'이 중고차의 평가에 효과가 있는 것을 알 수 있습니다.

그림 7.11의 데이터에 대하여 분산 분석표를 구하려면 제2장의 2.3절과 마찬가지로 1요인의 분산 분석을 3회 실시하여 구합니다. 라틴 방진에서는 주효과만을 분석하므로 이 방법을 적용할 수 있습니다.

우선 그림 7.17에서 각 요인 '특징', '옵션', '색상'에 대한 1원표를 작성합니다.

특징	주행거리	검사기간	가격	인기제품
데이터	5.4	3.9	3.7	5.1
	7.2	6.6	7.2	5.0
	3.3	4.6	5.1	4.2
	5.3	3.1	4.7	6.1

옵션	선루프	내비게이션	TV	ETC
데이터	5.4	7.2	3.3	5.3
	3.9	6.6	4.6	3.1
	3.7	7.2	5.1	4.7
	5.1	5.0	4.2	6.1

색상	은색	하얀색	빨간색	검은색
데이터	5.4	7.2	3.3	5.3
	6.6	3.9	3.1	4.6
	5.1	4.7	3.7	7.2
	6.1	4.2	5.0	5.1

그림 7.17 1원표

각각의 표에 대하여 Excel의 분석 툴인 '분산 분석 : 일원 배치'를 실험하면 그림 7.18과 같습니다.

분산 분석

변동의 요인	제곱합	자유도	제곱 평균	F 비	P-값	F 기각치
특징	12.00688	3	4.002292	4.006465	0.034434	3.490295
잔차	11.9875	12	0.998958			
계	23.99438	15				

분산 분석

변동의 요인	제곱합	자유도	제곱 평균	F 비	P-값	F 기각치
옵션	1.316875	3	0.438958	0.232279	0.872144	3.490295
잔차	22.6775	12	1.889792			
계	23.99438	15				

분산 분석

변동의 요인	제곱합	자유도	제곱 평균	F 비	P-값	F 기각치
색상	1.316875	3	0.438958	0.232279	0.872144	3.490295
잔차	22.6775	12	1.889792			
계	23.99438	15				

그림 7.18 1요인의 분산 분석표

구해진 분산 분석표에서 요인에 대한 변동·자유도·분산과 합계에 대한 변동·자유도를 추출하여, 그림 7.19와 같이 새로운 분산 분석표에 기입합니다.

분산 분석

변동의 요인	제곱합	자유도	제곱 평균	F 비	P-값
특징	1.316875	3	0.438958		
옵션	12.00688	3	4.002292		
색상	9.756875	3	3.252292		
잔차					
계	23.99438	15			

그림 7.19 3요인의 분산 분석표에 기입

그림 2.26의 분산 분석표를 구하는 순서와 마찬가지로 부족한 값을 산출하면 그림 7.20과 같이 분산 분석표가 작성됩니다.

분산 분석

변동의 요인	제곱합	자유도	제곱 평균	F 비	P-값
특징	1.316875	3	0.438958	2.882353	0.124957
옵션	12.00688	3	4.002292	26.28044	0.000753
색상	9.756875	3	3.252292	21.35568	0.001329
잔차	14.2375	12	1.186458		
계	23.99438	15			

그림 7.20 분산 분석표

변동의 크기순인 '옵션', '색상', '특징'이 그림 7.16의 영향도의 크기 순서와 같다는 것을 알 수 있습니다. 분산 분석표에서 P-값이 전부 15% 이하이므로 모든 요인이 효과가 있다는 것도 알 수 있습니다.

이와 같이 4수준의 요인이 3개인 경우의 요인계획은 라틴 방진을 이용하면 16항목의 앙케트로 실현할 수 있습니다.

요인이 늘어 4요인이 되어도 그레코라틴 방진을 사용하면 같은 16항목의 앙케트로 대응할 수 있습니다.

7.4 연습문제

그림 7.10의 앙케트 용지에 기입하는 칸과 같이 이번 중고차의 앙케트에서는 응답자가 차를 좋아하는지의 질문을 넣었습니다. 그 결과, 응답자 22인 중에서 '차를 좋아한다'라고 답한 사람이 11인, '보통'이라고 답한 사람이 11인으로 앙케트 결과를 '차를 좋아한다'고 답한 사람과 '보통으로 답한 사람'으로 나누어 정리한 것이 그림 7.21과 같습니다.

No.	특징	옵션	색상	차가 좋다	보통
1	주행거리가 짧다.	선루프	은색	6.6	4.2
2	주행거리가 짧다.	내비게이션	하얀색	7.3	7.1
3	주행거리가 짧다.	TV	빨간색	4.1	2.5
4	주행거리가 짧다.	ETC	검은색	6.5	4.1
5	남은 검사기간이 길다.	선루프	은색	3.8	3.9
6	남은 검사기간이 길다.	내비게이션	하얀색	6.5	6.7
7	남은 검사기간이 길다.	TV	빨간색	5.5	3.6
8	남은 검사기간이 길다.	ETC	검은색	3.9	2.4
9	가격이 적당하다.	선루프	은색	3.9	3.5
10	가격이 적당하다.	내비게이션	하얀색	7.6	6.7
11	가격이 적당하다.	TV	빨간색	5.9	4.3
12	가격이 적당하다.	ETC	검은색	4.7	4.6
13	마음에 드는 메이커 제품	선루프	은색	6.5	3.7
14	마음에 드는 메이커 제품	내비게이션	하얀색	6.3	3.7
15	마음에 드는 메이커 제품	TV	빨간색	5.0	3.4
16	마음에 드는 메이커 제품	ETC	검은색	6.4	5.8

그림 7.21 '차를 좋아한다'와 '보통'으로 나눈 결과

이 결과에 대하여 해석하고, '차를 좋아한다'고 답한 사람과 '보통'으로 답한 사람과의 결과에 어떤 차이가 있는지 고찰하시오.

해답 예

그림 7.21에서 '차를 좋아한다'와 '보통'에는 평가의 차이가 있는 경우입니다. 비교를 위하여 꺾은선 그래프를 그려보면 그림 7.22와 같습니다.

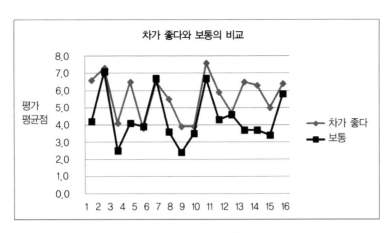

그림 7.22 '차를 좋아한다'와 '보통'의 꺾은선 그래프

역시, 분명히 차이가 있습니다. 어떤 요인과 수준에서 평가가 다른지를 조사하기 위하여 그림 7.21의 데이터를 회귀분석을 사용하여 해석해보겠습니다.

회귀분석을 실험하기 위하여 그림 7.21을 1, 0의 더미변수로 수치화하고, 중복된 데이터 열을 삭제한 표를 작성해야 하지만, 계획행렬의 부분이 그림 7.10과 완전히 같아서 그림 7.12의 1, 0의 표 부분을 그대로 이용합니다.

그림 7.12의 1, 0의 표 부분과 그림 7.21의 결과를 조합하면 그림 7.23과 같이 작성할 수 있습니다.

No.	주행거리가 짧다	남은 검사 기간이 길다	가격이 적당 하다	선루프	내비게이션	TV	은색	하얀색	빨간색	차를 좋아 한다	보통
1	1	0	0	1	0	0	1	0	0	6.6	4.2
2	1	0	0	0	1	0	0	1	0	7.3	7.1
3	1	0	0	0	0	1	0	0	1	4.1	2.5
4	1	0	0	0	0	0	0	0	0	6.5	4.1
5	0	1	0	1	0	0	0	1	0	3.8	3.9
6	0	1	0	0	1	0	1	0	0	6.5	6.7
7	0	1	0	0	0	1	0	0	0	5.5	3.6
8	0	1	0	0	0	0	0	0	1	3.9	2.4
9	0	0	1	1	0	0	0	0	1	3.9	3.5
10	0	0	1	0	1	0	0	0	0	7.6	6.7
11	0	0	1	0	0	1	1	0	0	5.9	4.3
12	0	0	1	0	0	0	0	1	0	4.7	4.6
13	0	0	0	1	0	0	0	0	0	6.5	3.7
14	0	0	0	0	1	0	0	0	1	6.3	3.7
15	0	0	0	0	0	1	0	1	0	5.0	3.4
16	0	0	0	0	0	0	1	0	0	6.4	5.8

그림 7.23 회귀분석의 실험표

이 표에 대하여 Excel의 분석 툴인 회귀분석을 실험합니다. 우선, 회귀분석의 다이얼로그에서 그림 7.24와 같이 입력하고, '차를 좋아한다'의 결과에 대하여 회귀분석을 실시하면 그림 7.25와 같습니다.

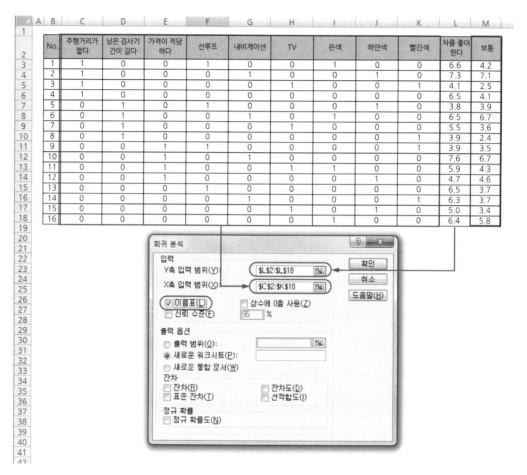

그림 7.24 '차를 좋아한다'에 대한 회귀분석

요약 출력

회귀분석 통계량	
다중 상관계수	0.982219
결정계수	0.964755
조정된 결정계수	0.911887
표준 오차	0.375
관측수	16

분산 분석

	자유도	제곱합	제곱 평균	F 비	유의한 F
회귀	9	23.09563	2.566181	18.2484	0.001069
잔차	6	0.84375	0.140625		
계	15	23.93938			

	계수	표준 오차	t 통계량	P-값	하위 95%	상위 95%	하위 95.0%	상위 95.0%
Y 절편	6.6375	0.296464	22.38893	5.19E-07	5.91208	7.36292	5.91208	7.36292
주행거리가 짧다	0.075	0.265165	0.282843	0.786802	-0.57384	0.723835	-0.57384	0.723835
남은 검사기간이 길다	-1.125	0.265165	-4.24264	0.005424	-1.77384	-0.47616	-1.77384	-0.47616
가격이 적당하다	-0.525	0.265165	-1.9799	0.095037	-1.17384	0.123835	-1.17384	0.123835
선루프	-0.175	0.265165	-0.65997	0.533775	-0.82384	0.473835	-0.82384	0.473835
내비게이션	1.55	0.265165	5.845416	0.001106	0.901165	2.198835	0.901165	2.198835
TV	-0.25	0.265165	-0.94281	0.382175	-0.89884	0.398835	-0.89884	0.398835
은색	-0.175	0.265165	-0.65997	0.533775	-0.82384	0.473835	-0.82384	0.473835
하얀색	-1.325	0.265165	-4.99689	0.00246	-1.97384	-0.67616	-1.97384	-0.67616
빨간색	-1.975	0.265165	-7.44819	0.000302	-2.62384	-1.32616	-2.62384	-1.32616

그림 7.25 '차를 좋아한다'에 대한 회귀분석 결과

마찬가지로 '보통'의 결과에 대해서도 그림 7.26과 같이 회귀분석의 다이얼로그에 입력하여 회귀분석을 실시하면 그림 7.27과 같습니다.

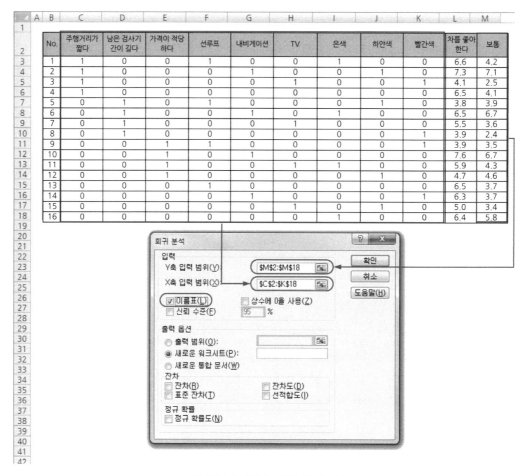

No.	주행거리가 짧다	남은 검사기간이 길다	가격이 적당하다	선루프	내비게이션	TV	은색	하얀색	빨간색	차를 좋아한다	보통
1	1	0	0	1	0	0	1	0	0	6.6	4.2
2	1	0	0	0	1	0	0	1	0	7.3	7.1
3	1	0	0	0	0	1	0	0	1	4.1	2.5
4	1	0	0	0	0	0	0	0	0	6.5	4.1
5	0	1	0	1	0	0	0	1	0	3.8	3.9
6	0	1	0	0	1	0	1	0	0	6.5	6.7
7	0	1	0	0	0	1	0	0	0	5.5	3.6
8	0	1	0	0	0	0	0	0	1	3.9	2.4
9	0	0	1	1	0	0	0	0	1	3.9	3.5
10	0	0	1	0	1	0	0	0	0	7.6	6.7
11	0	0	1	0	0	1	1	0	0	5.9	4.3
12	0	0	1	0	0	0	0	1	0	4.7	4.6
13	0	0	0	1	0	0	0	0	0	6.5	3.7
14	0	0	0	0	1	0	0	0	1	6.3	3.7
15	0	0	0	0	0	1	0	1	0	5.0	3.4
16	0	0	0	0	0	0	1	0	0	6.4	5.8

그림 7.26 '보통'에 대한 회귀분석

회귀분석 통계량	
다중 상관계수	0.946319
결정계수	0.895519
조정된 결정계수	0.738797
표준 오차	0.738241
관측수	16

분산 분석

	자유도	제곱합	제곱 평균	F 비	유의한 F
회귀	9	28.0275	3.114167	5.714067	0.023032
잔차	6	3.27	0.545		
계	15	31.2975			

	계수	표준 오차	t 통계량	P-값	하위 95%	상위 95%	하위 95.0%	상위 95.0%
Y 절편	4.125	0.583631	7.067823	0.000402	2.696907	5.553093	2.696907	5.553093
주행거리가 짧다	0.325	0.522015	0.622587	0.556462	-0.95233	1.602325	-0.95233	1.602325
남은 검사기간이 길다	6.41E-17	0.522015	1.23E-16	1	-1.27733	1.277325	-1.27733	1.277325
가격이 적당하다	0.625	0.522015	1.197283	0.276348	-0.65233	1.902325	-0.65233	1.902325
선루프	-0.4	0.522015	-0.76626	0.472581	-1.67733	0.877325	-1.67733	0.877325
내비게이션	1.825	0.522015	3.496066	0.012888	0.547675	3.102325	0.547675	3.102325
TV	-0.775	0.522015	-1.48463	0.188178	-2.05233	0.502325	-2.05233	0.502325
은색	0.725	0.522015	1.388848	0.214237	-0.55233	2.002325	-0.55233	2.002325
하얀색	0.225	0.522015	0.431022	0.681507	-1.05233	1.502325	-1.05233	1.502325
빨간색	-1.5	0.522015	-2.87348	0.028298	-2.77733	-0.22267	-2.77733	-0.22267

그림 7.27 '보통'에 대한 회귀분석 결과

그림 7.25에서 '차를 좋아한다'의 회귀식을 구하면 다음과 같습니다.

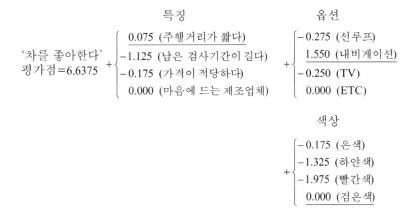

그림 7.27에서 '보통'의 회귀식을 구하면 다음과 같습니다.

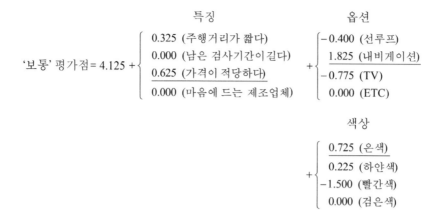

$$\text{'보통' 평가점} = 4.125 + \begin{cases} 0.325 \ (\text{주행거리가 짧다}) \\ 0.000 \ (\text{남은 검사기간이 길다}) \\ 0.625 \ (\text{가격이 적당하다}) \\ 0.000 \ (\text{마음에 드는 제조업체}) \end{cases} \begin{matrix} \text{옵션} \end{matrix} + \begin{cases} -0.400 \ (\text{선루프}) \\ 1.825 \ (\text{내비게이션}) \\ -0.775 \ (\text{TV}) \\ 0.000 \ (\text{ETC}) \end{cases}$$

$$\begin{matrix} \text{색상} \end{matrix} + \begin{cases} 0.725 \ (\text{은색}) \\ 0.225 \ (\text{하얀색}) \\ -1.500 \ (\text{빨간색}) \\ 0.000 \ (\text{검은색}) \end{cases}$$

위의 두 식을 비교하면 '차를 좋아한다'와 '보통'에서는 어떤 수준에서 평가가 다른지를 알 수 있습니다. 특징에서는 '차를 좋아한다' 쪽은 상대적으로 '마음에 드는 제조업체'의 평가가 높은 반면에 '보통'에서는 일반적으로 '주행거리가 짧다'와 '가격이 적당하다'의 평가가 높게 나타났습니다. 또, 색상에서는 '하얀색'의 평가가 높은데 '차를 좋아한다'에서는 평가가 낮은 반면에 '보통'에서는 높은 평가로 나타났습니다. '차를 좋아한다'의 최고점은 8.3, '보통'의 최고점은 7.3으로 1점 정도의 차이가 있습니다.

어떤 요인이 중요시되는지는 영향도를 보면 알 수 있습니다. 그림 7.25 및 그림 7.27의 요인 등의 계수의 범위에서 각각의 요인에 대한 영향도를 구하면 그림 7.28과 같습니다.

차를 좋아한다

요인	영향도
특징	1.2
옵션	1.8
색상	1.975

보통

요인	영향도
특징	0.625
옵션	2.6
색상	2.225

그림 7.28 영향도

막대그래프를 그려서 비교하면 그림 7.29와 같습니다.

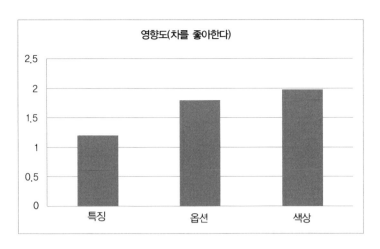

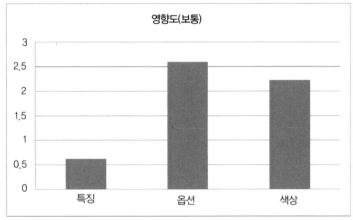

그림 7.29 영향도의 막대그래프

'옵션' 및 '색상'의 영향도는 '차를 좋아한다', '보통' 모두 높게 나타났으며, '특징'의 영향은 '차를 좋아한다'가 높게 나타나는 특징이 있습니다.

정리

· 라틴 방진 또는 그레코라틴 방진을 사용한 요인계획에서는 조사 항목개수가 적은 실용적인 앙케트로 3내지 4요인 계획을 실현할 수 있습니다. 단, 교호작용을 고려하는 요인해석에서는 이용할 수 없습니다.
· 라틴 방진의 요인계획 해석에는 회귀분석을 이용한 해석법으로 1요인의 분산 분석을 여러 번 실시하여 분산 분석표를 완성시키는 방법을 적용할 수 있습니다. 회귀분석을 이용하는 쪽이 알기 쉬운 것과 회귀식에 의하여 예측이 가능하다는 이점이 있습니다.

참고문헌

渕上美喜, 上田太一郎, 古谷都紀子, 『実戦ワークショップ Excel 徹底活用 ビジネスデータ分析』, 秀和システム.

제8장

실험계획법

직교표를 사용하는 요인계
획이 실험계획법입니다.

라틴 방진 또는 그레코라틴 방진의 원리를 발전시켜, 요인의 개수가 늘어난 경우에도 어느 특수한 표를 사용하는 것에 따라 실험횟수(조사항목수)를 줄일 수 있습니다. 이 특수한 표가 '직교표'입니다.

모든 것을 조합시켜 실험을 하는 요인계획에서는 예를 들면 2수준의 요인이 7개이면 128회의 실험이 필요하지만, L_8 직교표를 이용하면 8회로 완료할 수 있습니다.

또, 직교표 자체의 특이한 성질에 의하여 라틴 방진이나 그레코라틴 방진에서는 하지 못했던 교호작용을 포함한 요인계획도 가능합니다.

이 장에서는 이 직교표를 이용한 요인계획의 방법인 '실험계획법'에 대하여 해설합니다.

제8장

실험계획법

8.1 직교표

직교표란 어떤 성질을 가진 표인데, 예를 들면 L_8 직교표는 표 8.1과 같습니다.

표 8.1 L_8 직교표

No.	열1	열2	열3	열4	열5	열6	열7
1	1	1	1	1	1	1	1
2	1	1	1	2	2	2	2
3	1	2	2	1	1	2	2
4	1	2	2	2	2	1	1
5	2	1	2	1	2	1	2
6	2	1	2	2	1	2	1
7	2	2	1	1	2	2	1
8	2	2	1	2	1	1	2

요인계획에서 이 표를 이용하기 위해서는 열1~열7에 요인을 할당하고, 각각의 요인 수준을 표 1.2의 숫자에 대응시킴으로써 No.1~8까지의 실험조건(조사항목)을 설정합니다. 즉, 이 표를 그대로 계획행렬로 이용합니다. 원리적으로 L_8 직교표를 이용하면 2수준의 요인 7개의 요인계획을 실시할 수 있습니다(실제로는 통계적인 판단을 하기 위하여 7개의 열 중에 최저 1열을 오차의 열로 할당하지 않으면 안 되기 때문에 실질적으로 해석대상으로 할 수 있는 요인은 6개까지입니다).

직교표는 다음과 같은 성질을 가지고 있습니다. 이 성질에 의하여 직교표는 요인계획에 이용된다고 할 수 있을 것입니다.

· 직교표의 성질 1 : 모든 열에 대하여 수치의 조합이 균형으로 이루어져 있다.

직교표에서는 어느 2열을 추출할 때에 수치의 조합이 어떤 열을 추출하여도 같은 횟수가 됩니다. L_8 직교표에서는 모든 조합이 2회씩 나타납니다. 예를 들면 표 8.1에서 열1과 열2를 추출해보면 (1, 1)이 2회, (2, 1)이 2회, (2, 2)가 2회로 전부 2회씩으로 나타납니다. 다른 어떤 열을 봐도 그 값의 조합은 모두 2회씩으로 나타나, 수치 조합의 균형이 완전히 이루어지고 있습니다. 열에 요인을 할당하고 열의 값을 수준으로 생각하면, 요인과 수준의 조합을 상당히 균형 있게 실현할 수 있습니다. 이 성질에서 직교표의 명칭을 밸런스 표라고 부르는 것이 알기 쉬울지도 모릅니다.

· 직교표의 성질 2 : 열끼리는 상관이 전혀 없다.

데이터끼리의 상관이 있는지 없는지를 보기 위하여 제4장에서는 회귀분석을 사용하였지만, 상관의 크기를 표현하는 지표로 상관계수라고 하는 것이 있습니다. 이 상관계수는 −1~1 사이의 값을 다루는 수치로, 데이터끼리 상관이 전혀 없으면 0, 상관이 많으면 −1 또는 1에 근접하게 됩니다.

L_8 직교표에서 열끼리의 상관을 다음과 같이 Excel의 데이터 분석 툴에서 구해보겠습니다.

① Excel의 데이터 분석 툴에서 '상관 분석'을 선택하고 [확인] 버튼을 클릭합니다.

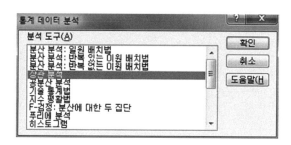

그림 8.1 분석 툴에서 '상관 분석'을 선택

② 표시된 다이얼로그에서 그림 8.2와 같이 입력하고 [확인] 버튼을 클릭합니다.

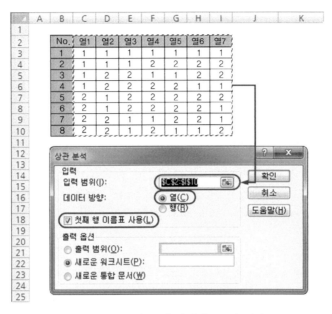

그림 8.2 상관 분석 다이얼로그의 입력

③ 그림 8.3과 같이 상관계수의 일람표가 표시됩니다.

	열1	열2	열3	열4	열5	열6	열7
열1	1						
열2	0	1					
열3	0	0	1				
열4	0	0	0	1			
열5	0	0	0	0	1		
열6	0	0	0	0	0	1	
열7	0	0	0	0	0	0	1

그림 8.3 상관계수의 일람표(상관계수 행렬)

이 표는 L_8 직교표 각 열끼리의 상관계수를 나타내고 있습니다. 상관계수는 같은 열끼리는 당연히 1이 되지만, 다른 열끼리의 상관계수는 0이 되어 전혀 상관이 없습니다(표에서 오른쪽 상단의 절반은 왼쪽 아래와 대칭이기 때문에 Excel에서는 표시를 생략합니다). 열끼리의 관계가 전혀 없으므로 열에 할당한 요인의 영향이 다른 열의 요인에 영향을 받지 않고 해석할 수 있게 됩니다.

· 직교표의 성질 3 : 열끼리 직교하고 있다.

이 성질은 위의 직교표 성질 1, 2의 원리가 되는 것으로 직교표의 성질로서 나열해야 할 항목이 아닐지도 모르지만, 직교표라고 하는 명칭의 유래라고도 할 수 있으므로 성질의 하나로 나타냅니다.

표 8.1 직교표의 수준을 나타내는 수치 중에 2를 −1로 치환한 표를 생각합니다.

표 8.2 직교표를 1과 −1로 표시

No.	열1	열2	열3	열4	열5	열6	열7
1	1	1	1	1	1	1	1
2	1	1	1	−1	−1	−1	−1
3	1	−1	−1	1	1	−1	−1
4	1	−1	−1	−1	−1	1	1
5	−1	1	−1	1	−1	1	−1
6	−1	1	−1	−1	1	−1	1
7	−1	−1	1	1	−1	−1	1
8	−1	−1	1	−1	1	1	−1

여기서 각 열을 하나의 벡터로 생각할 때, 임의의 2열에 대한 내적(inner product)은 0이 됩니다. 예를 들면 열1을 벡터로 표시하면

$$(1,\ 1,\ 1,\ 1,\ -1,\ -1,\ -1,\ -1)$$

이 되며, 열2는

$$(1,\ 1,\ -1,\ -1,\ 1,\ 1,\ -1,\ -1)$$

이 됩니다. 이 2개에 대한 벡터의 내적은 각각의 성분을 순서대로 곱하여 합계하면,

$$1 \times 1 + 1 \times 1 + 1 \times (-1) + 1 \times (-1) + (-1) \times 1 + (-1) \times 1 + (-1) \times (-1) + (-1) \times (-1)$$

이 되며, 계산결과는 0이 됩니다. 표 8.2에서 어떤 2열을 취해도 내적은 0이 됩니다. 내적이 0이 되는 벡터(vector)끼리를 수학에서는 '직교한다'라고 합니다.

모든 열끼리가 직교하고 있으므로 이와 같은 표를 직교표라고 부릅니다.

· 직교표의 성질 4 : 열끼리의 성분을 곱한 값을 갖는 열이 존재한다.

표 8.2에서 열1과 열2의 성분을 각각 곱해봅니다. 제1행과 제2행은 어느 쪽도 1이므로 그 곱하기는 1입니다. 제3행에서 6행은 1과 −1이므로 그 곱하기는 −1이며, 제7행과 제8행은 −1이므로 곱하기는 1이 됩니다. 이 곱을 위에서부터 순서대로 표 8.3과 같이 열3과 비교해봅시다.

표 8.3 열1과 열2 성분의 곱하기

번호	열1	열2	곱하기=열1×열2	열3
1	1	1	1	1
2	1	1	1	1
3	1	−1	−1	−1
4	1	−1	−1	−1
5	−1	1	−1	−1
6	−1	1	−1	−1
7	−1	−1	1	1
8	−1	−1	1	1

열1과 열2를 곱하면 열3과 완전히 같아지는 것을 알 수 있습니다. 직교표의 모든 열은 서로 이와 같은 관계를 가지고 있어, 어느 2열을 곱하면 어떤 열의 성분이 되어 있는 것입니다. 이 대응을 나타내기 위하여 표 8.4와 같이 알파벳을 사용하여 직교표의 아래에 '성분 표시'를 할 수 있습니다.

표 8.4 직교표의 성분표시(마지막 행)

번호	열1	열2	열3	열4	열5	열6	열7
1	1	1	1	1	1	1	1
2	1	1	1	-1	-1	-1	-1
3	1	-1	-1	1	1	-1	-1
4	1	-1	-1	-1	-1	1	1
5	-1	1	-1	1	-1	1	-1
6	-1	1	-1	-1	1	-1	1
7	-1	-1	1	1	-1	-1	1
8	-1	-1	1	-1	1	1	-1
성분	a	b	ab	c	ac	bc	abc

표 8.3에 표시한 열1과 열2의 곱이 열3에 나타나는 것이 열1의 a와 열2의 b의 곱 ab로 열3의 성분이 되는 것을 나타내고 있습니다. 마찬가지로 열1의 a와 열4 c의 곱 ac가 열5에, 열1의 a와 열6 bc의 곱 abc가 열7과 같이 표시됩니다. 성분표시에서는 같은 문자의 2승은 1로 취급, 예를 들면 열1의 a와 열5 ac의 곱하기 a^2c는 $a^2 = 1$이므로 그 곱하기는 c가 되어 열4가 됩니다 (이 곱하기가 정말로 그렇게 되는지는 표 8.4에서 확인해주세요). 이와 같이 직교표의 각 열은 서로가 열끼리의 곱하기로 되어 있습니다.

실제로 직교표의 이 성질을 이용하면, 교호작용을 요인과 마찬가지로 취급할 수 있습니다. 즉, 직교표에서 요인을 할당한 열은 그 요인의 주효과를 나타내고, 곱하기를 하여 나타내는 열이 그 교호작용을 나타내는 열이 됩니다.

예를 들면 열1에 요인 A를 할당하고, 열2에 요인 B를 할당한 경우, 열3은 그 교호작용 A×B를 할당한 것이 됩니다. 그렇기 때문에 직교표는 라틴 방진과 달리 교호작용도 취급할 수 있게 됩니다.

· 직교표의 성질 5 : 교호작용의 유무가 직교표의 사용방법을 바꾼다.

이것은 직교표의 성질이기보다는 직교표를 사용한 요인계획을 실시하는 경우에 매우 중요합니다.

제6장에서는 교호작용이 있는 경우는 데이터를 반복하여 취득하는 것으로 교호작용을 해석하기 위한 데이터 개수를 확보하면 좋다고 해설하였습니다. 그러나 직교표에서는 실험횟수

를 극한까지 줄이는 관계에서 데이터 개수를 늘려서 교호작용을 해석하는 방법을 취할 수 없습니다. 따라서 사전에 교호작용의 유무를 충분히 검토하여, 교호작용이 있는 경우와 아닌 경우로 요인계획의 순서를 바꿀 필요가 있는 것입니다.

구체적으로 직교표의 어느 열에 어떤 요인을 할당할 것인가에 따라 순서가 변합니다. 교호작용이 없다고 할 수 있는 경우에는 직교표의 어느 열에 어떤 요인을 할당해도 괜찮습니다. 그 결과, L_8 직교표에는 6개까지의 요인(의 주효과)을 마음대로 할당할 수 있습니다. 예를 들면 요인 A~F까지 6개의 요인을 표 8.5와 같이 마음대로 배치하여 할당할 수 있습니다.

표 8.5 L_8 직교표에서 주효과의 할당

①

번호	열1	열2	열3	열4	열5	열6	열7
요인	A	B	C	D	E	F	

②

번호	열1	열2	열3	열4	열5	열6	열7
요인	B	F	C	E		D	A

※ ① 또는 ②의 경우에 임의로 할당된다.
※ 모든 공백의 1열은 오차의 열로 해석된다.

그런데 교호작용을 고려하는 경우는 그 교호작용이 나타나는 열에 다른 요인의 주효과가 할당되어 있으면, 그 열의 영향으로 해석된 효과가 교호작용에 의한 것인지 다른 요인의 주효과에 의한 것인지 알 수 없게 됩니다. 이와 같은 상태를 교호작용과 주효과가 교락(Confounding)하고 있다고 말합니다.

교락을 피하기 위해서는 생각하고 있는 교호작용이 나타나는 열에 다른 요인을 할당하지 않도록 합니다. 예를 들면 요인 A~C의 3요인에 대하여 그 교호작용 A×B, A×C, B×C가 생각되는 경우는 표 8.6과 같이 할당합니다.

표 8.6 교호작용인 경우의 L_8 직교표의 할당

번호	열1	열2	열3	열4	열5	열6	열7
성분	a	b	ab	c	ac	bc	abc
요인	A	B	A×B	C	A×C	B×C	

또는

번호	열1	열2	열3	열4	열5	열6	열7
성분	a	b	ab	c	ac	bc	abc
요인	A	A×B	B	A×C	C	B×C	

※ A(a)×B(ab)＝A×B(b), A(a)×C(ac)＝A×C(c), B(ab)×C(ac)＝B×C(bc)

이와 같이 교호작용이 나타나는 열에는 요인을 할당하지 않는 것에 의하여 교호작용과 다른 요인의 주효과의 교략을 피할 수 있습니다. 다만, 이 결과 할당된 요인의 개수는 3개가 되어 버립니다. 직교표에서는 교호작용을 해석하기 위하여 데이터 개수를 늘리지는 않고, 대상이 되는 요인의 개수를 줄여 필요한 데이터 개수를 확보하는 방법입니다.

보다 많은 요인에 대하여 해석하는 경우, 실험계획법에서는 적용하는 직교표를 보다 큰 것으로 바꾸어 대응합니다. 교호작용이 없는 요인 7개 이상을 대상으로 할 때에는 L_8 직교표가 아닌 L_{16} 직교표를 사용합니다. L_{16} 직교표에서는 15요인까지 할당하여 해석을 할 수 있습니다.

표 8.7 L_{16} 직교표

No.	열1	열2	열3	열4	열5	열6	열7	열8	열9	열10	열11	열12	열13	열14	열15
1	1	1	1	1	1	1	1	1	1	1	1	1	1	1	1
2	1	1	1	1	1	1	1	2	2	2	2	2	2	2	2
3	1	1	1	2	2	2	2	1	1	1	1	2	2	2	2
4	1	1	1	2	2	2	2	2	2	2	2	1	1	1	1
5	1	2	2	1	1	2	2	1	1	2	2	1	1	2	2
6	1	2	2	1	1	2	2	2	2	1	1	2	2	1	1
7	1	2	2	2	2	1	1	1	1	2	2	2	2	1	1
8	1	2	2	2	2	1	1	2	2	1	1	1	1	2	2
9	2	1	2	1	2	1	2	1	2	1	2	1	2	1	2
10	2	1	2	1	2	1	2	2	1	2	1	2	1	2	1
11	2	1	2	2	1	2	1	1	2	1	2	2	1	2	1
12	2	1	2	2	1	2	1	2	1	2	1	1	2	1	2
13	2	2	1	1	2	2	1	1	2	2	1	1	2	2	1
14	2	2	1	1	2	2	1	2	1	1	2	2	1	1	2
15	2	2	1	2	1	1	2	1	2	2	1	2	1	1	2
16	2	2	1	2	1	1	2	2	1	1	2	1	2	2	1
성분	a	b	ab	c	ac	bc	abc	d	ad	bd	abd	cd	acd	bcd	abcd

교호작용이 예상되는 경우는 직교표의 성분표시를 참고로 하여 L_8 직교표와 마찬가지로 교호작용이 나타나는 열에 요인을 할당하지 않도록 합니다.

8.2 교호작용의 해석검증 : 열1과 열2의 교호작용은 열3에 나타난다

표 8.3에서 L_8 직교표의 열1과 열2의 교호작용은 열3에 나타나는 것, 즉 열1과 열2 성분의 곱하기가 열3과 같게 되는 것을 표시한 것을 실제의 데이터에서도 그대로 되는지를 확인해 보도록 하겠습니다.

그림 8.4는 L_8 직교표를 사용하여 '멋진 데이트'에 대하여 실시한 앙케트 결과에서 열1과 열2에 할당한 요인 부분을 추출한 것입니다.

앙케트는 데이트에 대한 만족도를 10점 만점을 기준으로 평가하여 받은 것으로 추출한 요인은 열1이 '식사 후에 가는 장소', 열2가 '선물'입니다.

No.	열1(장소)	열2(선물)	결과
1	다트 바	반지	7.5
2	다트 바	반지	7.0
3	다트 바	목걸이	6.5
4	다트 바	목걸이	7.0
5	야경이 아름다운 바	반지	8.5
6	야경이 아름다운 바	반지	8.0
7	야경이 아름다운 바	목걸이	9.0
8	야경이 아름다운 바	목걸이	8.0

그림 8.4 데이트에 관한 앙케트 결과

이 결과를 동일한 수준의 조합으로 정리, 2원표를 만들면 그림 8.5와 같습니다.

장소	선물	
	반지	목걸이
다트 바	7.5	6.5
	7	7
야경이 아름다운 바	8.5	9
	8	8

그림 8.5 2원표

이 2원표를 바탕으로 요인효과도를 그려보면 그림 8.6과 같이 2개의 그래프가 평행하지 않는데, 이 2개의 요인 사이에는 교호작용이 있다고 판단됩니다.

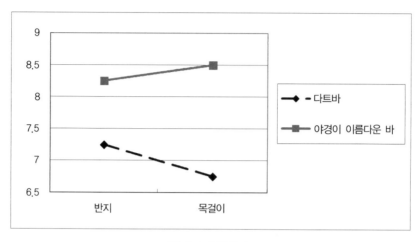

그림 8.6 요인효과도

그림 8.5의 2원표에서 Excel의 분석 툴인 '분산 분석 : 반복이 있는 이원 배치'를 실험하여 교호작용이 있는 분산 분석표를 구하면 다음과 같습니다.

분산 분석

변동의 요인	제곱합	자유도	제곱 평균	F 비	P-값	F 기각치
인자 A(행)	3.78125	1	3.78125	17.28571	0.014173	7.708647
인자 B(열)	0.03125	1	0.03125	0.142857	0.724659	7.708647
교호작용	0.28125	1	0.28125	1.285714	0.320188	7.708647
잔차	0.875	4	0.21875			
계	4.96875	7				

그림 8.7 분산 분석표

교호작용의 분산이 0.28125로 구해졌습니다. 그림 8.8은 그림 8.4에 L_8 직교표의 열3을 써서 추가한 것입니다.

No.	열1(장소)	열2(선물)	열3	결과
1	다트 바	반지	1	7.5
2	다트 바	반지	1	7.0
3	다트 바	목걸이	2	6.5
4	다트 바	목걸이	2	7.0
5	야경이 아름다운 바	반지	2	8.5
6	야경이 아름다운 바	반지	2	8.0
7	야경이 아름다운 바	목걸이	1	9.0
8	야경이 아름다운 바	목걸이	1	8.0
성분	a	b	ab	

그림 8.8 열3을 추가한 데이트에 관한 앙케트 결과

여기서 열3에 할당되어 있는 요인은 없지만, 무엇인가의 요인이 할당된 것으로 하고 해석해보도록 하겠습니다. 이 요인을 가상으로 요인 C로 하고, 수준1과 수준2에 의한 데이터의 차이를 1요인 계획으로 하여 해석합니다. 이 결과가 그림 8.7에서 구해진 교호작용의 결과와 일치하면, 틀림없이 열3에 교호작용이 나타나고 있는 것을 알 수 있습니다.

열3의 수준1, 수준2에 대응하는 '결과' 칸의 수치를 그림 8.9와 같이 추출하여 표로 정리합니다.

제3열의 수준	1	2
결과	7.5	6.5
	7.0	7.0
	9.0	8.5
	8.0	8.0

그림 8.9 열3의 수준에 대한 결과

그림 8.9를 Excel의 분석 툴인 '분산 분석 : 일원 배치'로 해석하면 그림 8.10과 같습니다.

분산 분석

변동의 요인	제곱합	자유도	제곱 평균	F 비	P-값	F 기각치
처리	0.28125	1	0.28125	0.36	0.570456	5.987378
잔차	4.6875	6	0.78125			
계	4.96875	7				

그림 8.10 분산 분석표

처리의 제곱평균으로 표시된 수치가 이 가상요인 C의 분산입니다. 그림 8.7에서 구한 교호작용의 분산과 완전히 일치하는 것을 알 수 있습니다. 이것은 요인 C, 즉 열3은 틀림없이 열1과 열2의 교호작용으로 되어 있다고 할 수 있습니다.

8.3 실험계획법을 이용한 요인계획의 사례

'근처에 쇼핑센터가 들어선다고 한다면, 어떤 시설이 있으면 가고 싶다고 생각하는가?'에 대하여 실험계획법을 이용한 앙케트를 실시하였습니다.

선택 항목에 들어갈 시설 등은 업태가 유사한 것을 수준으로 하여 조합한 요인으로 하고, 그림 8.11과 같이 요인과 수준을 설정하였습니다.

기호	요인	제1수준	제2수준
A	병설하는 판매점	약국	서점
B	병설 시설	세차장	이, 미용
C	병설 금융기관	은행	우체국
D	병설 음식점	커피점	레스토랑

그림 8.11 홈 센터 시설의 요인과 수준

2수준의 요인이 4개로 되어 있으므로 L_8 직교표에 요인을 할당할 수 있습니다. 요인끼리의 교호작용은 그다지 생각하기 어려운 것이지만, 만일 교호작용이 있는 경우에도 가능한 한 요인과의 교락을 피할 수 있도록, 그림 8.12와 같이 L_8 직교표의 열에 요인을 할당하는 것으로 하였습니다.

No.	열1	열2	열3	열4	열5	열6	열7
성분	a	b	ab	c	ac	bc	abc
요인	A	B		C			D

그림 8.12 L_8 직교표에서의 요인의 할당

이 할당의 경우에 A×B, A×C, A×D, B×C, B×D, C×D의 어떤 교호작용이 발생하여도 요인을 할당한 예와 교락할 수 없습니다.

이 결과, 표 8.1에 표시한 L_8 직교표의 열1, 2, 4, 7의 줄에 따라 요인 A, B, C, D의 제1수준과 제2수준을 할당하여 그림 8.13과 같은 계획행렬을 작성하였습니다.

No.	병설하는 판매점	병설 시설	병설 금융기관	병설 음식점
1	약국	세차장	은행	커피점
2	약국	세차장	우체국	레스토랑
3	약국	이, 미용	은행	레스토랑
4	약국	이, 미용	우체국	커피점
5	서점	세차장	은행	레스토랑
6	서점	세차장	우체국	커피점
7	서점	이, 미용	은행	커피점
8	서점	이, 미용	우체국	레스토랑

그림 8.13 계획행렬

이 계획행렬을 앙케트 항목으로 하여, 그림 8.14와 같은 양식의 앙케트 용지를 만들어 앙케트를 실시하였습니다.

근처에 홈 센터가 들어선다면 필수 혹은 원하는 서비스점에 대해서 질문합니다.
찬성하면 10, 하지 않는다면 0, 모르면 5를 기입해주세요.

No.	병설하는 판매점	병설 시설	병설 금융기관	병설 음식점	평가 (10, 5, 0 중에 하나를 기입해주세요.)
1	약국	세차장	은행	커피점	
2	약국	세차장	우체국	레스토랑	
3	약국	이, 미용	은행	레스토랑	
4	약국	이, 미용	우체국	커피점	
5	서점	세차장	은행	레스토랑	
6	서점	세차장	우체국	커피점	
7	서점	이, 미용	은행	커피점	
8	서점	이, 미용	우체국	레스토랑	

연령	해당하는 곳에 ○해주세요
20대	
30대	
40대	
50대	
60대 이상	
성별	
남성	
여성	

당신은 '홈 센터'에 가기를 좋아합니까?	해당하는 곳에 ○해주세요
예	
보통	

그림 8.14 앙케트 용지

회수한 앙케트를 평균하여 정리하면, 그림 8.15와 같습니다.

No.	병설하는 판매점	병설 시설	병설 금융기관	병설 음식점	결과
1	약국	세차장	은행	커피점	4.4
2	약국	세차장	우체국	레스토랑	5.7
3	약국	이, 미용	은행	커피점	5.1
4	약국	이, 미용	우체국	레스토랑	4.6
5	서점	세차장	은행	커피점	6.7
6	서점	세차장	우체국	레스토랑	5.8
7	서점	이, 미용	은행	커피점	5.4
8	서점	이, 미용	우체국	레스토랑	7.1

그림 8.15 앙케트 결과

직교표를 사용하지 않는 일반적인 요인계획의 경우, 2수준의 요인 4개를 해석하기 위해서는 64개 정도의 앙케트 항목이 필요하지만, 이와 같이 직교표를 이용하면 앙케트 항목은 고작 8개로 완료할 수 있습니다.

이 결과를 해석해보도록 하겠습니다. 실험계획법의 해석도 라틴 방진의 해석과 마찬가지로 분산 분석표를 작성하는 방법과 회귀분석에 의한 해석 방법을 이용할 수 있습니다. 여기에서는 우선 회귀분석에 의한 해석을 실시합니다.

회귀분석에 의한 해석을 실시하기 위하여 그림 8.15의 계획행렬 부분을 그림 8.16과 같이 1, 0의 더미변수로 수치화합니다.

No.	약국	서점	세차장	이, 미용	은행	우체국	커피점	레스토랑	결과
1	1	0	1	0	1	0	1	0	4.4
2	1	0	1	0	0	1	0	1	5.7
3	1	0	0	1	1	0	0	1	5.1
4	1	0	0	1	0	1	1	0	4.6
5	0	1	1	0	1	0	0	0	6.7
6	0	1	1	0	0	1	1	1	5.8
7	0	1	0	1	1	0	1	0	5.4
8	0	1	0	1	0	1	0	1	7.1

그림 8.16 더미변수로 수치화한 표

그리고 중복된 데이터로 되어 있는 열로서 요인마다 임의의 1열을 삭제합니다. 여기에서는 '서점', '이, 미용', '패밀리 레스토랑'의 열을 삭제하여 그림 8.17과 같은 표를 얻었습니다.

No.	약국	세차장	은행	커피점	결과
1	1	1	1	1	4.4
2	1	1	0	0	5.7
3	1	0	1	0	5.1
4	1	0	0	1	4.6
5	0	1	1	0	6.7
6	0	1	0	1	5.8
7	0	0	1	1	5.4
8	0	0	0	0	7.1

그림 8.17 중복된 열을 삭제한 표

이 표에 대하여 Excel의 분석 툴인 회귀분석을 그림 8.18과 같이 실시합니다.

그림 8.18 회귀분석의 실험

그림 8.19와 같은 회귀분석 결과가 표시됩니다.

요약 출력

회귀분석 통계량	
다중 상관계수	0.991955
결정계수	0.983974
조정된 결정계수	0.962607
표준 오차	0.182574
관측수	8

분산 분석

	자유도	제곱합	제곱 평균	F 비	유의한 F
회귀	4	6.14	1.535	46.05	0.005023
잔차	3	0.1	0.033333		
계	7	6.24			

	계수	표준 오차	t 통계량	P-값	하위 95%	상위 95%	하위 95.0%	상위 95.0%
Y 절편	6.95	0.144338	48.15101	1.97E-05	6.490653	7.409347	6.490653	7.409347
약국	-1.3	0.129099	-10.0698	0.002085	-1.71085	-0.88915	-1.71085	-0.88915
세차장	0.1	0.129099	0.774597	0.495025	-0.31085	0.510852	-0.31085	0.510852
은행	-0.4	0.129099	-3.09839	0.053363	-0.81085	0.010852	-0.81085	0.010852
커피점	-1.1	0.129099	-8.52056	0.003396	-1.51085	-0.68915	-1.51085	-0.68915

그림 8.19 회귀분석의 결과

이 결과에서 만족도를 나타내는 회귀식은 다음과 같습니다.

$$
\text{만족도} = 6.9 + \overbrace{\begin{cases} -1.3 \ (\text{약국}) \\ 0.0 \ (\text{서점}) \end{cases}}^{\text{판매점}} + \overbrace{\begin{cases} 0.1 \ (\text{세차장}) \\ 0.0 \ (\text{이, 미용}) \end{cases}}^{\text{시설}}
$$

$$
+ \overbrace{\begin{cases} -0.4 \ (\text{은행}) \\ 0.0 \ (\text{우체국}) \end{cases}}^{\text{금융기관}} + \overbrace{\begin{cases} -1.1 \ (\text{커피전문점}) \\ 0.0 \ (\text{패밀리레스토랑}) \end{cases}}^{\text{음식점}}
$$

각 요인의 영향도는 요인마다 계수 범위에 의하여 그림 8.20과 같습니다.

요인	영향도
판매점	1.3
시설	0.1
금융기관	0.4
음식점	1.1

그림 8.20 요인마다의 영향도

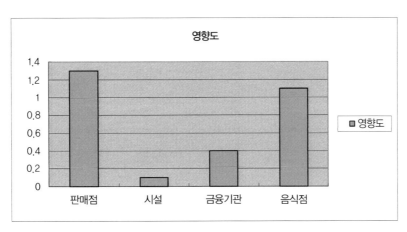

그림 8.21 영향도의 막대그래프

이 결과에서 쇼핑센터의 만족도에 영향을 미친다고 생각되는 시설은 '판매점'과 '음식점'이며, '금융기관'도 약간의 영향이 있는 것으로 나타났습니다.

또, 병설하는 것으로 만족도가 높은 효과가 있는 시설에는 '서점'과 '패밀리 레스토랑' 및 '우체국', '세차장'이라고 하는 것도 알았습니다. 이때의 만족도는 각각의 수준에 대한 계수를 선택하여 회귀식으로 계산하면, 만족도=6.95+0+0+0.1+0=7.05로 예측할 수 있습니다.

그림 8.15의 결과를 분산 분석표를 구해서 해석할 때에는 다음과 같이 실시할 수 있습니다.

우선, 그림 8.15의 결과에서 2요인씩의 2원표를 작성합니다. 여기에서는 '판매점'과 '시설'로 1개씩의 2원표를, '금융기관'과 '음식점'도 1개의 2원표를 작성하였습니다.

판매점	시설	
	세차장	이, 미용
약국	4.4	5.1
	5.7	4.6
서점	6.7	5.4
	5.8	7.1

그림 8.22 2원표(1)

금융기관	음식점	
	커피점	레스토랑
은행	4.4	5.1
	5.4	6.7
우체국	4.6	5.7
	5.8	7.1

그림 8.23 2원표(2)

2원표 각각에 대하여 Excel의 분석 툴인 '분산 분석 : 반복 있는 이원 배치'를 실험하여 분산 분석표를 구합니다.

분산 분석

변동의 요인	제곱합	자유도	제곱 평균	F 비	P-값	F 기각치
인자 A(행)	3.38	1	3.38	4.794326	0.093734	7.708647
인자 B(열)	0.02	1	0.02	0.028369	0.874418	7.708647
교호작용	0.02	1	0.02	0.028369	0.874418	7.708647
잔차	2.82	4	0.705			
계	6.24	7				

그림 8.24 2원표(1) 판매점과 시설의 분산 분석표

분산 분석

변동의 요인	제곱합	자유도	제곱 평균	F 비	P-값	F 기각치
금융기관	0.32	1	0.32	0.367816	0.576933	7.708647
음식점	2.42	1	2.42	2.781609	0.170678	7.708647
교호작용	0.02	1	0.02	0.022989	0.886827	7.708647
잔차	3.48	4	0.87			
계	6.24	7				

그림 8.25 2원표(2) 금융기관과 음식점의 분산 분석표

그림 8.24와 그림 8.25의 결과에서 전체의 분산 분석표를 구하면 그림 8.26과 같습니다.

분산 분석

변동의 요인	제곱합	자유도	F 비	P-값	F 기각치
판매점	3.38	1	3.38	101.4	0.002085
시설	0.02	1	0.02	0.6	0.495025
금융기관	0.32	1	0.32	9.6	0.053363
음식점	2.42	1	2.42	72.6	0.003396
잔차	0.1	3	0.033333		
계	6.24	7			

그림 8.26 분산 분석표

P-값이 작아서 만족도에 대한 영향이 크다고 할 수 있는데, '판매점', '음식점'의 영향이 현저히 크고, '금융기관'도 P-값이 5% 정도의 값이므로 영향이 있는 것으로 나타났습니다. 이것은 회귀분석에 의한 영향도의 결과(그림 8.21)와 일치하고 있습니다.

그림 8.26의 분산 값은 그림 8.21의 영향도 크기의 순서와 매우 비슷하다고 생각되지 않습니까? 이 요인마다의 분산 값에 대하여 막대그래프를 그려보면 다음과 같습니다.

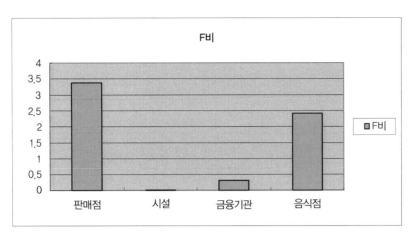

그림 8.27 요인마다의 분산에 대한 막대그래프

그림 8.21과 그래프의 값은 다르지만, 대소 관계가 매우 비슷하다고 할 수 있습니다. 마찬가지로 그림 8.19의 회귀분석 결과 중에서 't'로 표시된 값의 절대치를 추출해보면 그림 8.28과 같은 값이 됩니다.

요인	t
판매점	10.0698
시설	0.7746
금융기관	3.09839
음식점	8.52056

그림 8.28 회귀분석 결과의 t의 절댓값

이 t의 절댓값으로 막대그래프를 그려보면 다음과 같습니다.

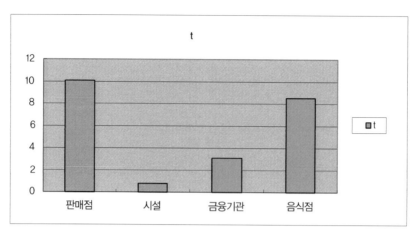

그림 8.29 t 절댓값의 막대그래프

　이것도 그림 8.21, 그림 8.27과 매우 비슷한 관계를 나타내고 있습니다. 즉, 요인의 영향 크기를 나타내는 값으로 영향도만이 아닌 분산이나 t의 절댓값도 이용할 수 있습니다.

　요인마다의 영향도, 분산, t의 절댓값에 대하여 그림 8.30과 같이 하나의 표로 정리하여 표시하고, Excel의 분석 툴인 '상관'에 의하여 상호 상관계수를 구하면 그림 8.31과 같이 대부분이 1 또는 1에 가까운 값을 표시합니다. 영향도, 분산, t의 절댓값의 대소 관계가 어느 것이나 전부 같다고 하는 매우 강한 상관이 있다는 것을 알 수 있습니다.

요인	영향도	분산	t
판매점	1.3	3.38	10.06976
시설	0.1	0.02	0.774597
금융기관	0.4	0.32	3.098387
음식점	1.1	2.42	8.520563

그림 8.30 영향도, 분산, t의 절댓값

요인	영향도	분산	t
판매점	1.3	3.38	10.06976
시설	0.1	0.02	0.774597
금융기관	0.4	0.32	3.098387
음식점	1.1	2.42	8.520563

	영향도	분산	t
영향도	1.00		
분산	0.99	1.00	
t	1.00	0.99	1.00

그림 8.31 영향도, 분산, t의 상관계수

그림 8.26의 분산 분석표는 그림 8.22 및 그림 8.23 2개의 2원표를 각각 분산 분석으로 구할 수 있지만, 그림 8.32와 같이 그림 8.15에서 4개의 1요인 계획 데이터표(1원표)를 작성하여도 구할 수 있습니다.

판매점	약국	서점
데이터	4.4	6.7
	5.7	5.8
	5.1	5.4
	4.6	7.1

시설	세차장	이, 미용
데이터	4.4	5.1
	5.7	4.6
	6.7	5.4
	5.8	7.1

금융기관	은행	우체국
데이터	4.4	5.7
	5.1	4.6
	6.7	5.8
	5.4	7.1

음식점	커피점	레스토랑
데이터	4.4	5.7
	4.6	5.1
	5.8	6.7
	5.4	7.1

그림 8.32 4개의 1요인 계획 데이터 표(1원표)

그림 8.32 각각의 표에 대하여 Excel의 분석 툴인 '분산 분석 : 일원 배치'를 실험하여 분산 분석표를 구하면 그림 8.33과 같습니다.

분산 분석

변동의 요인	제곱합	자유도	제곱 평균	F 비	P-값	F 기각치
처리	3.38	1	3.38	7.090909	0.03738	5.987378
잔차	2.86	6	0.476667			
계	6.24	7				

분산 분석

변동의 요인	제곱합	자유도	제곱 평균	F 비	P-값	F 기각치
처리	0.02	1	0.02	0.019293	0.894076	5.987378
잔차	6.22	6	1.036667			
계	6.24	7				

분산 분석

변동의 요인	제곱합	자유도	제곱 평균	F 비	P-값	F 기각치
처리	0.32	1	0.32	0.324324	0.589689	5.987378
잔차	5.92	6	0.986667			
계	6.24	7				

분산 분석

변동의 요인	제곱합	자유도	제곱 평균	F 비	P-값	F 기각치
처리	2.42	1	2.42	3.801047	0.09911	5.987378
잔차	3.82	6	0.636667			
계	6.24	7				

그림 8.33 4개의 1요인 계획에 의한 분산 분석표

그림 8.33의 각 분산 분석표에 표시된 각 요인의 변동 값(제곱합)을 그림 8.26의 분산 분석표의 값과 비교하면 완전히 일치하고 있는 것을 알 수 있습니다. 즉, 일원표의 결과에서도 그림 8.26과 같은 분산 분석표를 구할 수 있습니다.

또, 단순회귀분석을 이용하여 그림 8.26의 분산 분석표를 구할 수 있습니다. 그림 8.17의 중복된 열을 삭제한 '회귀분석을 실험할 수 있는 표'에 대하여 그림 8.35와 같이 요인 1개씩에 대한 분석 툴의 회귀분석을 실시합니다.

4번의 회귀분석에 의하여 그림 8.36과 같이 4개의 분산 분석표를 얻을 수 있습니다.

No.	약국	세차장	은행	커피점	결과
1	1	1	1	1	4.4
2	1	1	0	0	5.7
3	1	0	1	0	5.1
4	1	0	0	1	4.6
5	0	1	1	0	6.7
6	0	1	0	1	5.8
7	0	0	1	1	5.4
8	0	0	0	0	7.1

그림 8.34 중복된 열을 삭제한 표(그림 8.17)

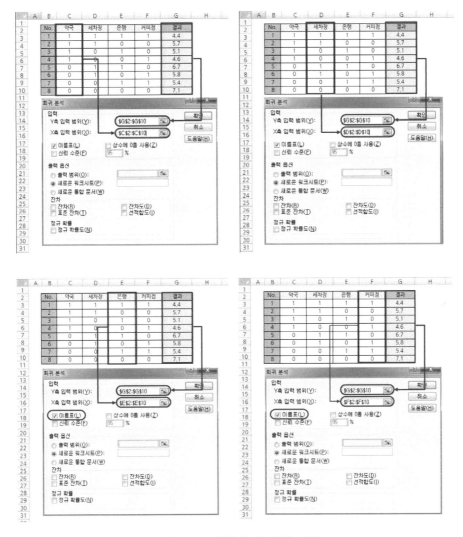

그림 8.35 1열씩 회귀분석을 실험

분산 분석

	자유도	제곱합	제곱 평균	F 비	유의한 F
회귀	1	3.38	3.38	7.090909	0.03738
잔차	6	2.86	0.476667		
계	7	6.24			

분산 분석

	자유도	제곱합	제곱 평균	F 비	유의한 F
회귀	1	0.02	0.02	0.019293	0.894076
잔차	6	6.22	1.036667		
계	7	6.24			

분산 분석

	자유도	제곱합	제곱 평균	F 비	유의한 F
회귀	1	0.32	0.32	0.324324	0.589689
잔차	6	5.92	0.986667		
계	7	6.24			

분산 분석

	자유도	제곱합	제곱 평균	F 비	유의한 F
회귀	1	2.42	2.42	3.801047	0.09911
잔차	6	3.82	0.636667		
계	7	6.24			

그림 8.36 4개의 분산 분석표

각각의 요인에 대한 변동은 그림 8.26 또는 그림 8.33의 변동과 같으므로 단순회귀분석의 결과에서 그림 8.26과 같은 분산 분석표를 구할 수 있습니다.

정리

· 직교표를 이용한 요인계획 : 실험계획법은 실험횟수(조사항목수)를 줄일 수 있는 매우 유용한 요인계획의 방법이다.

· L_8 직교표는 실험횟수 8회로 7요인, L_{16} 직교표는 실험횟수 16회로 15요인까지 할당할 수 있습니다.

· 2원표 또는 1원표에서 Excel의 분석 툴인 '분산 분석'을 이용하든가, 계획행렬 데이터를 수량화 이론 I류 데이터를 통해 1, 0의 더미변수로 치환하여 '회귀분석'을 1요인씩 실험하여 출력결과의 변동으로 분산 분석표를 작성할 수 있습니다.

· Excel의 회귀분석을 이용하면 회귀식을 구할 수 있어, 어떤 요인의 영향이 큰지를 판정하거나, 선택한 수준에 대한 평가점 등을 예측하는 것이 가능합니다.

참고문헌

渕上美喜, 上田太一郎, 古谷都紀子, 『実戦ワークショップ Excel 徹底活用 ビジネスデータ分析』, 秀和システム.

제9장

다수준 작성법

직교표에는 수준 개수를 늘린 '다수준 작성법'이 있습니다.

제8장에서는 직교표를 사용한 요인계획인 실험계획법에 대하여 해설하였습니다. 2수준의 요인이 7개까지라면 L_8 직교표, 요인의 수준개수를 3개로 하고 싶은 경우는 L_{18} 직교표를 이용할 수 있습니다. 표 1.6에 표시한 것과 같이 L_{18} 직교표에는 2수준의 요인 1개와 3수준의 요인 7개까지 해석할 수 있습니다.

표 1.6 혼합계 직교표의 실험횟수

	직교표	요인수	횟수
혼합계	L_{12}	2수준이 11	12
	L_{18}	2수준이 1, 3수준이 7	18

4수준의 요인을 해석하고 싶을 때에는 라틴 방진을 이용하면 가능하지만, 직교표에는 다수준 작성법이라는 수준개수를 늘린 방법이 있습니다. 이 장에서는 다수준 작성법에 대하여 설명합니다.

제9장

다수준 작성법

9.1 L_{18} 직교표

표 1.6과 같이 L_{18} 직교표는 2수준의 요인 1개와 3수준의 요인 7개까지 해석을 할 수 있는 직교표입니다. L_{18} 직교표를 이용하면 3수준의 요인계획을 해석할 수 있습니다.

L_{18} 직교표를 이용한 요인계획은 L_8 직교표와 같은 순서로 실시할 수 있습니다. 단, 이 L_{18} 직교표와 L_{12} 직교표 등의 '혼합계'로 불리는 직교표에는 '교호작용이 나타나는 열이 없다'고 하는 특징이 있습니다. 따라서 요인을 할당할 때에 교호작용에 주의할 필요가 없으므로 L_8 직교표보다 요인의 할당이 용이하다는 장점이 있습니다.

또 일반적으로 직교표의 예 중에 최저 1열을 오차의 열로 사용하지 않으면 통계적으로 해석할 수 없지만, L_{18} 직교표에서는 모든 열에 요인을 할당하여도 통계적으로 해석할 수 있습니다. 이것은 L_{18} 직교표만의 특징입니다.

표 9.1 L_18 직교표

No.	열1	열2	열3	열4	열5	열6	열7	열8
1	1	1	1	1	1	1	1	1
2	1	1	2	2	2	2	2	2
3	1	1	3	3	3	3	3	3
4	1	2	1	1	2	2	3	3
5	1	2	2	2	3	3	1	1
6	1	2	3	3	1	1	2	2
7	1	3	1	2	1	3	2	3
8	1	3	2	3	2	1	3	1
9	1	3	3	1	3	2	1	2
10	2	1	1	3	3	2	2	1
11	2	1	2	1	1	3	3	2
12	2	1	3	2	2	1	1	3
13	2	2	1	2	3	1	3	2
14	2	2	2	3	1	2	1	3
15	2	2	3	1	2	3	2	1
16	2	3	1	3	2	3	1	2
17	2	3	2	1	3	1	2	3
18	2	3	3	2	1	2	3	1

표 9.2 L_12 직교표

No.	열1	열2	열3	열4	열5	열6	열7	열8	열9	열10	열11
1	1	1	1	1	1	1	1	1	1	1	1
2	1	1	1	1	1	2	2	2	2	2	2
3	1	1	2	2	2	1	1	1	2	2	2
4	1	2	1	2	2	1	2	2	1	1	2
5	1	2	2	1	2	2	1	2	1	2	1
6	1	2	2	2	1	2	2	1	2	1	1
7	2	1	2	2	1	1	2	2	1	2	1
8	2	1	2	1	2	2	2	1	1	1	2
9	2	1	1	2	2	2	1	2	2	1	1
10	2	2	2	1	1	1	1	2	2	1	2
11	2	2	1	2	1	2	1	1	1	2	2
12	2	2	1	1	2	1	2	1	2	2	1

만약에 수준개수가 4수준의 요인이 있을 때는 어떻게 하면 좋을까요? 실제로는 4수준의 요인을 그대로 적용할 수 있는 열을 가진 직교표는 존재하지 않습니다.

라틴 방진을 사용하는 것도 하나의 방법이지만, 직교표에서는 복수의 열에서 수준개수를 늘린 열을 작성하는 '다수준 작성법'이라는 방법이 있습니다. 이 방법을 사용하면 라틴 방진을 이용한 요인계획보다 실험횟수(조사항목수)를 줄인 요인계획을 실현할 수 있습니다.

9.2 다수준 작성법

다수준 작성법은 원래 직교표의 열보다 '많은 수준을 갖는 열을 작성하는 방법'으로 직교표에서 복수의 열을 사용하여 기본의 열보다도 수준개수가 많은 열을 작성합니다. 실제로 L_8 직교표에서 4수준의 열을 작성해보도록 하겠습니다.

표 9.3 L8 직교표(표 8.4와 같음)

No.	열1	열2	열3	열4	열5	열6	열7
1	1	1	1	1	1	1	1
2	1	1	1	-1	-1	-1	-1
3	1	-1	-1	1	1	-1	-1
4	1	-1	-1	-1	-1	1	1
5	-1	1	-1	1	-1	1	-1
6	-1	1	-1	-1	1	-1	1
7	-1	-1	1	1	-1	-1	1
8	-1	-1	1	-1	1	1	-1
성분	a	b	ab	c	ac	bc	abc

예를 들면 L_8 직교표의 열1과 열2에 주목하여, 그 행의 값을 조합하는 것을 생각합니다. 그러면 그 조합은 (1, 1), (1, 2), (2, 1), (2, 2)의 4가지가 되는 것을 알 수 있습니다. 이 4가지의 조합을 수준으로 할당하면 4수준에 적용할 수 있다는 것이 다수준 작성법의 원리입니다. (1, 1)을 1에, (1, 2)를 2에, (2, 1)을 3에, (2, 2)를 4로 치환하면 4수준에 적용할 수 있습니다.

단, 열1과 열2뿐만이 아니라 그 외에 또 다른 1열을 사용할 필요가 있습니다. 그것이 열1과 열2의 교호작용이 나타나는 열3입니다. 열1과 열2의 조합을 이용하여 4수준을 할당한 경우,

열3을 삭제할 필요가 있는 것입니다. 이것은 '자유도를 확보한다'는 수학적인 이유 때문입니다. 여기서 상세한 설명은 생략하지만, 그 룰이라고 인식하시기 바랍니다. 2수준의 열2개를 사용하여 4수준으로 한 경우에는 그 교호작용이 나타나는 열이 동시에 '소비'되는 거라고 이해하면 됩니다.

이와 같이 복수의 열에서 수준개수가 많은 열을 작성하는 방법을 다수준 작성법이라고 부릅니다. 이 결과, 4수준의 열을 포함한 직교표는 그림 9.1과 같습니다.

No.	새 열	열4	열5	열6	열7
1	1	1	1	1	1
2	1	2	2	2	2
3	2	1	1	2	2
4	2	2	2	1	1
5	3	1	2	1	2
6	3	2	1	2	1
7	4	1	2	2	1
8	4	2	1	1	2
성분	-	c	ac	bc	abc

열1과 열2로 작성한 4수준의 열,
열3은 이것 때문에 '소비'된다.

그림 9.1 4수준의 열을 포함한 L_8 직교표

이 결과, L_8 직교표는 4수준의 요인이 1개로, 2수준의 요인을 3개까지 적용시킬 수 있는 직교표가 됩니다(2수준의 열1개는 오차를 할당하는 열로서 이용됩니다).

그림 9.1의 표를 정말로 직교표로 이용할 수 있는지 확인하기 위하여 각 열끼리의 상관계수를 구해보도록 하겠습니다. Excel의 분석 툴인 '상관'을 이용하여 그림 9.2와 같이 입력하면 그림 9.3과 같은 상관계수행렬을 구할 수 있습니다.

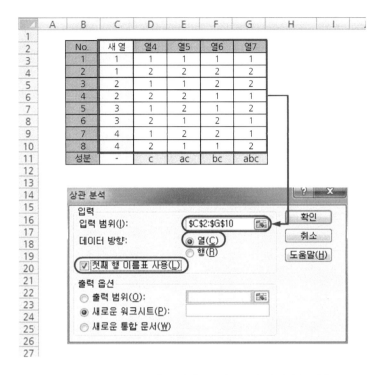

그림 9.2 4수준의 열을 포함한 L_8 직교표의 상관계수 산출

	새 열	열4	열5	열6	열7
새 열	1				
열4	0	1			
열5	0	0	1		
열6	0	0	0	1	
열7	0	0	0	0	1

그림 9.3 상관계수 행렬

이 결과, 다른 열끼리의 상관계수가 전부 0이 되어 상관이 전혀 없기 때문에 직교표의 성질은 유지되고 있다고 판단할 수 있습니다. 이것은 입력 실수 등으로 틀린 직교표를 만들어 버린 경우의 확인 방법이 되므로, 다수준 작성법을 이용할 때에는 이와 같은 상관계수행렬을 구하여 확인하기 바랍니다.

9.3 다수준 열을 작성한 직교표의 적용사례

사례로서 '생일날의 데이트'에 대하여 앙케트를 확인합니다. 앙케트 항목의 근본이 되는 요인과 수준은 표 9.4와 같이 설정하였습니다.

표 9.4 '생일날의 데이트' 앙케트의 요인과 수준

요인	제1수준	제2수준	제3수준	제4수준
메인	도심에서 쇼핑	바닷가 산책		
상대의 연령	동년배	5~10 연상		
식당	일식 요리	이탈리아 요리		
식후의 바	야경이 예쁜 곳	다트 바	라이브 연주	둘만의 밀실

4수준의 요인이 하나이므로 일반적인 L₈ 직교표가 아닌 다수준 작성법으로 4수준을 작성한 그림 9.1의 직교표를 이용하여 계획행렬을 작성합니다.

그림 9.1 직교표의 새로운 열에 '식후의 바'를 할당하고, 나머지 요인 '메인', '상대의 연령', '식당'을 열4, 열5, 열7에 할당하여 그림 9.4와 같은 계획행렬을 작성하였습니다.

No.	식후의 바 (열1)	메인 (열4)	상대의 연령 (열5)	식당 (열7)
1	야경이 예쁜곳	도심에서 쇼핑	동년배	일식 요리
2	야경이 예쁜곳	바닷가 산책	5~10 연상	이탈리아 요리
3	다트 바	도심에서 쇼핑	동년배	이탈리아 요리
4	다트 바	바닷가 산책	5~10 연상	일식 요리
5	라이브 연주	도심에서 쇼핑	5~10 연상	이탈리아 요리
6	라이브 연주	바닷가 산책	동년배	일식 요리
7	둘만의 밀실	도심에서 쇼핑	5~10 연상	일식 요리
8	둘만의 밀실	바닷가 산책	동년배	이탈리아 요리

그림 9.4 계획행렬

이 계획행렬에 10점 만점으로 만족도를 기입하여 받는 앙케트를 실시하였는데, 그림 9.5와 같은 결과를 얻었습니다(응답자가 남성인 경우는 상대가 되는 여성의 입장에서 응답을 받았습니다).

No.	식후의 바 (열1)	메인 (열4)	상대의 연령 (열5)	식당 (열7)	응답 여성 7인	응답 남성 9인
1	야경이 예쁜곳	도심에서 쇼핑	동년배	일식 요리	7.9	7.2
2	야경이 예쁜곳	바닷가 산책	5~10 연상	이탈리아 요리	8.6	6.7
3	다트 바	도심에서 쇼핑	동년배	이탈리아 요리	5	3.3
4	다트 바	바닷가 산책	5~10 연상	일식 요리	3.6	3.3
5	라이브 연주	도심에서 쇼핑	5~10 연상	이탈리아 요리	7.1	6.7
6	라이브 연주	바닷가 산책	동년배	일식 요리	5.7	5
7	둘만의 밀실	도심에서 쇼핑	5~10 연상	일식 요리	8.6	5
8	둘만의 밀실	바닷가 산책	동년배	이탈리아 요리	7.9	5.6

그림 9.5 '생일날의 데이트' 앙케트 결과

여성과 남성의 응답을 꺾은선 그래프로 나타내면 다음과 같습니다.

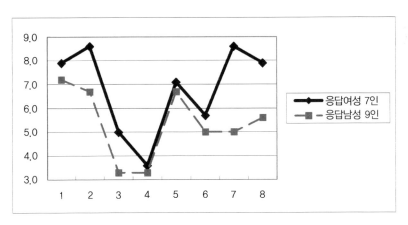

그림 9.6 여성과 남성의 응답에 대한 꺾은선 그래프

분명히 남녀의 의식에 차이가 있다는 것을 알 수 있습니다. 여성과 남성에 대한 회답 데이터를 1요인 계획으로 해석하면 그림 9.8과 같은 분산 분석표를 얻을 수 있습니다.

그림 9.7 여성과 남성의 회답에 대한 1요인 계획

분산 분석 : 일원 배치법

요약표

인자의 수준	관측수	합	평균	분산
응답여성 7인	8	54.4	6.8	3.382857
응답남성 9인	8	42.8	5.35	2.254286

분산 분석

변동의 요인	제곱합	자유도	제곱 평균	F 비	P-값	F 기각치
처리	8.41	1	8.41	2.983781	0.106088	4.60011
잔차	39.46	14	2.818571			
계	47.87	15				

그림 9.8 분산 분석표

'처리'로 표시된 변동요인이 성별의 요인입니다. P-값이 0.106으로 15% 이하이므로 남녀 성별의 차이에서 결과가 틀림없이 다르다는 것을 할 수 있습니다. 남자들은 아직 여자의 마음을 잡지 못하고 있다는 결과입니다.

9.4 여성의 응답에 대한 해석

그렇다면 그림 9.5에서 여성의 응답 상세에 대한 분산 분석표를 작성하여 해석하도록 하겠습니다. 여기서는 요인의 1원표를 작성하고, 4개의 1요인 계획에 대하여 Excel의 분석 툴인 '분산 분석 : 일원 배치'를 이용하여 분산 분석표를 작성해보겠습니다.

야경이 예쁜 곳	다트 바	라이브 연주	둘만의 밀실
7.9	5.0	7.1	8.6
8.6	3.6	5.7	7.9

그림 9.9 요인 '식후의 바' 1원표

도심에서 쇼핑	바닷가 산책
7.9	8.6
5.0	3.6
7.1	5.7
8.6	7.9

그림 9.10 요인 '메인' 1원표

동년배	5~10 연상
7.9	8.6
5.0	3.6
5.7	7.1
7.9	8.6

그림 9.11 요인 '상대의 연령' 1원표

일식 요리	이탈리아 요리
7.9	8.6
3.6	5.0
5.7	7.1
8.6	7.9

그림 9.12 요인 '식당' 1원표

이 1원표 각각에 대하여 Excel의 분석 툴인 '분산 분석 : 일원 배치'를 이용하여 분산 분석표를 작성하면 그림 9.13~9.16과 같습니다.

분산 분석

변동의 요인	제곱합	자유도	제곱 평균	F 비	P-값	F 기각치
처리	21.23	3	7.076667	11.55374	0.019365	6.591382
잔차	2.45	4	0.6125			
계	23.68	7				

그림 9.13 요인 '식후의 바'의 분산 분석표

분산 분석

변동의 요인	제곱합	자유도	제곱 평균	F 비	P-값	F 기각치
처리	0.98	1	0.98	0.259031	0.628956	5.987378
잔차	22.7	6	3.783333			
계	23.68	7				

그림 9.14 요인 '메인'의 분산 분석표

분산 분석

변동의 요인	제곱합	자유도	제곱 평균	F 비	P-값	F 기각치
처리	0.245	1	0.245	0.062727	0.810593	5.987378
잔차	23.435	6	3.905833			
계	23.68	7				

그림 9.15 요인 '상대의 연령'의 분산 분석표

분산 분석

변동의 요인	제곱합	자유도	제곱 평균	F 비	P-값	F 기각치
처리	0.98	1	0.98	0.259031	0.628956	5.987378
잔차	22.7	6	3.783333			
계	23.68	7				

그림 9.16 요인 '식당'의 분산 분석표

그림 9.13~9.16 각 요인의 변동을 바탕으로 4개의 요인 분산 분석표를 구하면 그림 9.17과 같습니다.

분산 분석

변동의 요인	제곱합	자유도	제곱 평균	F 비	P-값
식후의 바	21.23	3	7.076667	28.88435	0.135737
메인	0.98	1	0.98	4	0.295167
상대의 연령	0.245	1	0.245	1	0.5
식당	0.98	1	0.98	4	0.295167
잔차	0.245	1	0.245		
계	23.68	7			

그림 9.17 4요인의 분산 분석표

이 결과 P-값이 15% 이하가 되는 것은 '식후의 바'뿐입니다. 여성들에게 생일날의 데이트에서 포인트가 되는 것은 이것뿐이라는 결과입니다.

이와 같이 다수준 작성법에 의하여 수준개수를 늘린 직교표를 이용한 실험계획법도 지금까지와 마찬가지로 해석할 수 있습니다.

9.5 연습문제

그림 9.5의 남성 응답에서 상기와 마찬가지로 분산 분석표를 구하여 결과에 대하여 고찰해 보기로 하겠습니다.

해답 예

우선, 그림 9.5의 남성 응답결과에 대하여 요인의 1원표를 작성합니다.

야경이 예쁜 곳	다트 바	라이브 연주	둘만의 밀실
7.2	3.3	6.7	5.0
6.7	3.3	5.0	5.6

도심에서 쇼핑	바닷가 산책
7.2	6.7
3.3	3.3
6.7	5.0
5.0	5.6

동년배	5~10 연상
7.2	6.7
3.3	3.3
5.0	6.7
5.6	5.0

일식 요리	이탈리아 요리
7.2	6.7
3.3	3.3
5.0	6.7
5.0	5.6

그림 9.18 남성의 응답에 대한 1원표

이 1원표 각각에 대하여 분산 분석표를 작성하면 다음과 같습니다.

분산 분석

변동의 요인	제곱합	자유도	제곱 평균	F 비	P-값	F 기각치
처리	14.03	3	4.676667	10.68952	0.022189	6.591382
잔차	1.75	4	0.4375			
계	15.78	7				

분산 분석

변동의 요인	제곱합	자유도	제곱 평균	F 비	P-값	F 기각치
처리	0.32	1	0.32	0.124191	0.736581	5.987378
잔차	15.46	6	2.576667			
계	15.78	7				

분산 분석

변동의 요인	제곱합	자유도	제곱 평균	F 비	P-값	F 기각치
처리	0.045	1	0.045	0.017159	0.900063	5.987378
잔차	15.735	6	2.6225			
계	15.78	7				

분산 분석

변동의 요인	제곱합	자유도	제곱 평균	F 비	P-값	F 기각치
처리	0.405	1	0.405	0.158049	0.704717	5.987378
잔차	15.375	6	2.5625			
계	15.78	7				

그림 9.19 1원표의 분산 분석표

이 결과에서 각 요인의 변동으로 4요인의 분산 분석표를 작성하면 다음과 같습니다.

분산 분석

변동의 요인	제곱합	자유도	제곱 평균	F 비	P-값
식후의 바	14.03	3	4.676667	19.08844	0.166325
메인	0.32	1	0.32	1.306122	0.457621
상대의 연령	0.045	1	0.045	0.183673	0.742238
식당	0.405	1	0.405	1.653061	0.420833
잔차	0.98	1	0.98		
계	15.78	7			

그림 9.20 **4요인의 분산 분석표**

남성응답자는 여성응답자의 해석결과와 다르며, 모든 요인에 대한 P-값이 15% 이상의 값이므로 만족도에 영향을 미치는 요인이 없다고 하는 결과가 되어 버렸습니다. 남성이 정말로 여자의 마음을 알 수 없기 때문에 오차의 변동이 상대적으로 커 버린 것이 이유라고 생각됩니다.

9.6 요인의 효과를 본다

그림 9.9~9.12와 그림 9.18의 1원표에서 각각의 수준에 대한 평균치를 구하여 꺾은선 그래프로 '요인 효과도'를 그려보면 구체적으로 요인의 어느 수준이 만족도가 높은지를 알 수 있습니다.

그림 9.9~9.12에서 여성의 응답결과가 되는 각각의 수준에 대한 평균치를 구하면 그림 9.21과 같습니다.

야경이 예쁜 곳	다트 바	라이브 연주	둘만의 밀실
8.25	4.3	6.4	8.25

도심에서 쇼핑	바닷가 산책
7.2	6.5

동년배	5~10 연상
6.6	7.0

일식 요리	이탈리아 요리
6.5	7.2

그림 9.21 **각 수준의 평균치**

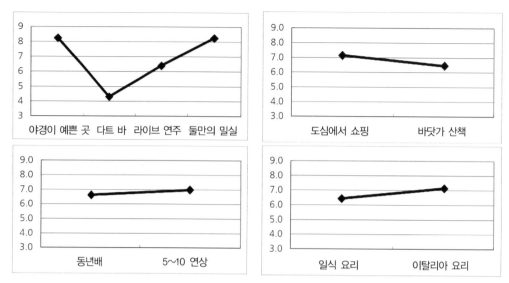

그림 9.22 요인효과도

또, 회귀분석을 이용한 해석을 실시하면 요인 수준마다의 계수로써 요인의 효과가 간단하게 구해집니다.

그림 9.5에서 여성의 응답에 대하여 회귀분석으로 해석해보도록 하겠습니다. 우선, 그림 9.5를 그림 9.23과 같이 1, 0의 더미변수로 치환한 표를 작성합니다(요인의 수준을 나타내는 열을 만들어서 해당하는 행에 1을, 그렇지 않은 행에는 0을 기입하여 작성합니다).

No.	야경이 예쁜 곳	다트 바	라이브 연주	둘만의 밀실	도심에서 쇼핑	바닷가 산책	동년배	5~10 연상	일식 요리	이탈리아 요리	응답여성 7인
1	1	0	0	0	1	0	1	0	1	0	7.9
2	1	0	0	0	0	1	0	1	0	1	8.6
3	0	1	0	0	1	0	1	0	0	1	5.0
4	0	1	0	0	0	1	0	1	1	0	3.6
5	0	0	1	0	1	0	0	1	0	1	7.1
6	0	0	1	0	0	1	1	0	1	0	5.7
7	0	0	0	1	1	0	0	1	1	0	8.6
8	0	0	0	1	0	1	1	0	0	1	7.9

그림 9.23 더미변수

이 표에서 데이터가 중복된 열을 각 요인에서 1열씩 삭제하면, 회귀분석을 실험할 수 있는 표가 됩니다. 여기에서는 '둘만의 밀실', '바닷가 산책', '5~10 연상', '이탈리아 요리'의 열을 삭제하여 그림 9.24와 같은 표를 작성하였습니다.

No.	야경이 예쁜 곳	다트 바	라이브 연주	도심에서 쇼핑	동년배	일식 요리	응답여성 7인
1	1	0	0	1	1	1	7.9
2	1	0	0	0	0	0	8.6
3	0	1	0	1	1	0	5.0
4	0	1	0	0	0	1	3.6
5	0	0	1	1	0	0	7.1
6	0	0	1	0	1	1	5.7
7	0	0	0	1	0	1	8.6
8	0	0	0	0	1	0	7.9

그림 9.24 회귀분석의 실험표

이 표에 대하여 Excel의 분석 툴인 '회귀분석'을 그림 9.25와 같이 실험하면 그림 9.26과 같이 회귀분석의 결과를 구할 수 있습니다.

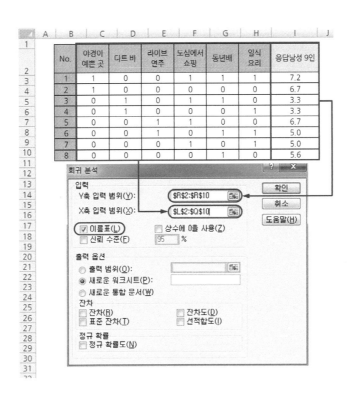

그림 9.25 회귀분석의 실험

요약 출력

회귀분석 통계량	
다중 상관계수	0.994813
결정계수	0.989654
조정된 결정계수	0.927576
표준 오차	0.494975
관측수	8

분산 분석

	자유도	제곱합	제곱 평균	F 비	유의한 F
회귀	6	23.435	3.905833	15.94218	0.189407
잔차	1	0.245	0.245		
계	7	23.68			

	계수	표준 오차	t 통계량	P-값	하위 95%	상위 95%	하위 95.0%	상위 95.0%
Y 절편	8.425	0.463006	18.19629	0.034951	2.541945	14.30806	2.541945	14.30806
야경이 예쁜 곳	1.11E-16	0.494975	2.24E-16	1	-6.28925	6.28925	-6.28925	6.28925
다트 바	-3.95	0.494975	-7.98021	0.079361	-10.2393	2.33925	-10.2393	2.33925
라이브 연주	-1.85	0.494975	-3.73756	0.166432	-8.13925	4.43925	-8.13925	4.43925
도심에서 쇼핑	0.7	0.35	2	0.295167	-3.74717	5.147172	-3.74717	5.147172
동년배	-0.35	0.35	-1	0.5	-4.79717	4.097172	-4.79717	4.097172
일식 요리	-0.7	0.35	-2	0.295167	-5.14717	3.747172	-5.14717	3.747172

그림 9.26 회귀분석의 결과

만족도에 대한 각 수준의 영향이 이 회귀분석 결과의 왼쪽 아래에 있는 계수로 표시되어 있습니다. 이 계수로 만족도를 구하는 회귀식을 다음과 같이 구할 수 있습니다.

$$\text{만족도} = 8.425 + \underset{\text{식후의 바}}{\begin{cases} -0.00 \text{ (야경이 아름다운 곳)} \\ -3.95 \text{ (다트바)} \\ -1.85 \text{ (라이브 연주)} \\ \underline{0.00} \text{ (둘만의 밀실)} \end{cases}} + \underset{\text{메인}}{\begin{cases} 0.70 \text{ (도심에서)} \\ \underline{0.00} \text{ (해안에서)} \end{cases}}$$

$$+ \underset{\text{상대의 연령}}{\begin{cases} -0.35 \text{ (동년배)} \\ \underline{0.00} \text{ (5~10 연상)} \end{cases}} + \underset{\text{식당}}{\begin{cases} -1.10 \text{ (일식 요리)} \\ \underline{0.00} \text{ (이탈리아 요리)} \end{cases}}$$

그림 9.24를 작성할 때에 삭제한 열의 수준에 대한 계수는 0이 되어 있는 것에 주의하시기 바랍니다.

각 수준에 의한 영향의 크기는 이와 같이 각각의 계수에 대한 크기를 비교해서 볼 수 있습니다.

요인마다 영향의 크기는 각 요인에 대한 계수의 범위에서 구합니다. 그림 9.26의 회귀분석 결과에서 '식후의 바'에 대한 영향도는 계수가 최대 0(둘만의 밀실)과 최소 −3.95(다트 바)의 차이를 취하면 3.95가 됩니다. 마찬가지로 '메인', '상대의 연령', '식당'의 영향도를 구하면 다음과 같습니다.

요인	영향도
식후의 바	3.95
메인	0.7
상대의 연령	0.35
식당	0.7

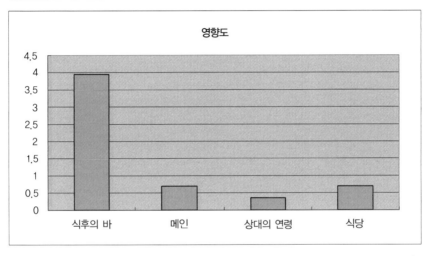

그림 9.27 영향도

요인의 영향도는 '식후의 바'가 압도적입니다.

그림 9.17의 분산 분석표의 '분산'에 대해서도 마찬가지로 그래프화합니다.

변동요인	분산
식후의 바	7.076667
4.5 메인	0.98
상대의 연령	0.245
식당	0.98

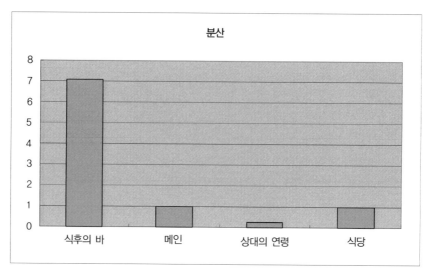

그림 9.28 각 요인의 분산

분산도 영향도와 완전히 같은 대소 관계를 나타냅니다.

게다가 그림 9.26의 회귀분석 결과에서 요인마다의 't의 범위'를 구하여 그래프로 그리면, 역시 영향도, 분산과 마찬가지의 대소 관계가 됩니다(t 범위를 구하는 경우, 표시되지 않은 수준의 t가 0이 되어 있는 것에 주의하세요. 이 사례에서는 요인 '식후의 바'가 4수준이므로 t의 범위를 구합니다).

요인	t의 범위
식후의 바	7.980205
메인	2
상대의 연령	1
식당	2

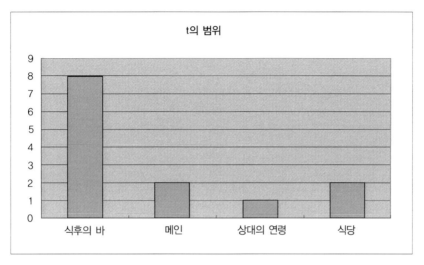

그림 9.29 각 요인의 t값의 범위

영향도, 분산, t의 범위를 일람표로 정리하면 그림 9.30과 같습니다.

요인	영향도	분산	t의 범위
식후의 바	3.95	7.08	7.98
메인	0.7	0.98	2
상대의 연령	0.35	0.25	1
식당	0.7	0.98	2

그림 9.30 영향도, 분산, t의 범위

그림 9.30에서 영향도, 분산, t의 범위에 대한 상관계수를 구하면 그림 9.31과 같습니다.

	영향도	분산	t의 범위
영향도	1		
분산	1.000	1	
t의 범위	0.999	0.999	1

그림 9.31 영향도, 분산, t의 상관계수

그림 9.31과 같이 서로의 상관계수가 1 또는 1에 매우 가까운 값입니다. 영향도, 분산, t의 범위에 대한 대소 관계가 전부 완전히 같은지, 매우 밀접한 상관이 있으므로, 모두 요인의 영향 크기를 판단하는 지표로 사용할 수 있는 것을 알 수 있습니다.

9.7 연습문제

그림 9.5의 남성의 응답에 대하여 회귀분석을 이용하여 해석하시오.

해답 예

그림 9.24의 데이터 부분을 남성의 응답으로 치환한 표를 작성합니다.

No.	야경이 예쁜 곳	다트 바	라이브 연주	도심에서 쇼핑	동년배	일식 요리	응답남성 9인
1	1	0	0	1	1	1	7.2
2	1	0	0	0	0	0	6.7
3	0	1	0	1	1	0	3.3
4	0	1	0	0	0	1	3.3
5	0	0	1	1	0	0	6.7
6	0	0	1	0	1	1	5.0
7	0	0	0	1	0	1	5.0
8	0	0	0	0	1	0	5.6

그림 9.32 남성의 응답에 대한 회귀분석실험표

이 표에 대하여 Excel의 분석 툴인 '회귀분석'을 그림 9.25와 같이 실험하면 그림 9.33과 같은 회귀분석 결과가 나타납니다.

요약 출력

회귀분석 통계량	
다중 상관계수	0.96845
결정계수	0.937896
조정된 결정계수	0.565272
표준 오차	0.989949
관측수	8

분산 분석

	자유도	제곱합	제곱 평균	F 비	유의한 F
회귀	6	14.8	2.466667	2.517007	0.448277
잔차	1	0.98	0.98		
계	7	15.78			

	계수	표준 오차	t 통계량	P-값	하위 95%	상위 95%	하위 95.0%	상위 95.0%
Y 절편	5.4	0.926013	5.831452	0.108118	-6.36611	17.16611	-6.36611	17.16611
야경이 예쁜 곳	1.65	0.989949	1.666752	0.344027	-10.9285	14.2285	-10.9285	14.2285
다트 바	-2	0.989949	-2.02031	0.292603	-14.5785	10.5785	-14.5785	10.5785
라이브연주	0.55	0.989949	0.555584	0.677157	-12.0285	13.1285	-12.0285	13.1285
도심에서 쇼핑	0.4	0.7	0.571429	0.669501	-8.49434	9.294343	-8.49434	9.294343
동년배	-0.15	0.7	-0.21429	0.865614	-9.04434	8.744343	-9.04434	8.744343
일식 요리	-0.45	0.7	-0.64286	0.636275	-9.34434	8.444343	-9.34434	8.444343

그림 9.33 회귀분석 결과

이 결과에서 남성의 응답에 대하여 만족도를 구하는 회귀식은 다음과 같습니다.

식후의 바

$$
만족도 = 5.4 + \begin{cases} 1.65 \,(야경이\ 아름다운\ 곳) \\ -2.00 \,(다트\ 바) \\ -0.55 \,(라이브\ 연주) \\ 0.00 \,(둘\ 만의\ 밀실) \end{cases} + \begin{cases} 0.40 \,(도심에서) \\ 0.00 \,(해안에서) \end{cases}
$$

메인

상대의 연령

$$
+ \begin{cases} -0.15 \,(동년배) \\ 0.00 \,(5\sim10\,연상) \end{cases} + \begin{cases} -0.45 \,(일식\ 요리) \\ 0.00 \,(이탈리아\ 요리) \end{cases}
$$

식당

각 요인의 영향도는 그림 9.34와 같습니다.

요인	영향도
식후의 바	3.65
메인	0.4
상대의 연령	0.15
식당	0.45

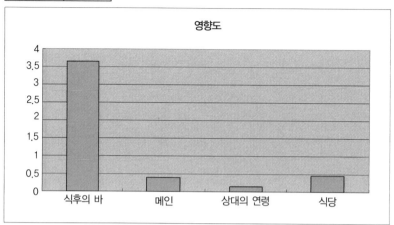

그림 9.34 영향도

정리

· 다수준 작성법에 의하여 기본인 직교표에서 적용할 수 있는 수준개수보다도 많은 수준을 갖는 요인에 대해서도 실험계획법을 적용할 수 있습니다.

· Excel의 분석 툴인 회귀분석을 이용한 해석결과로 모든 요인에 대한 분산 분석표를 만들 수 있습니다.

· 회귀분석에 의한 해석에서는 요인효과도를 그리지 않고 요인의 효과를 간단하게 구할 수 있습니다.

· 요인의 영향을 보기 위해서는 영향도뿐만 아니라 요인마다의 분산과 t범위를 이용할 수 있습니다.

참고문헌

渕上美喜, 上田太一郎, 古谷都紀子, 『実戦ワークショップ Excel 徹底活用 ビジネスデータ 分析』, 秀和システム.

제10장

실험계획법을 포함한 요인계획의 적용 예

방문객 데이터를 바탕으로 실험계획법을 포함한 요인계획을 실시한 사례를 소개합니다.

제3장에서는 요인이 1~2라는 적은 요인계획에서도 적절한 요인과 수준이 선택된다는 조건에서 요인계획의 방법에 따른 사례를 소개하였습니다. 그러나 실제의 영업 · 기획 · 마케팅에서 요인계획을 적용하는 장면에서도 역시 요인의 개수가 늘어나는 것을 알 수 있습니다.

이 책에서는 지금까지 요인의 개수가 많아져도 직교표를 이용하는 것에 따라 적은 조사항목수에서도 현실적인 요인계획을 실현할 수 있는 '실험계획법'에 대해 설명합니다.

이 장에서는 실제의 방문객 데이터를 바탕으로 실험계획법을 포함한 요인계획을 실시한 사례를 소개하며, 보다 실용적인 요인계획의 순서를 사례를 통하여 설명합니다.

제10장

실험계획법을 포함한 요인계획의 적용 예

10.1 방문객을 예측한다

표 10.1은 어느 소매점에 대한 날짜별 방문객의 데이터입니다. 실시한 판촉활동 등이 방문객 수에 미치는 영향에 대해 해석하여, 방문객 수를 예측할 수 있다면 효율적인 경영을 실현할 수 있습니다.

표 10.1 날짜별 방문객 데이터

날짜	방문객 수
1	606
2	555
3	505
4	576
5	707
6	808
7	626
8	636
9	1616
10	1313
11	505
12	442
13	731
14	977

방문객 수에 영향을 주는 태동적인 요인으로 캠페인(campaign), Auto call, 전단지에 대한 판촉의 유무를 주고, 방문객 수에 수동적으로 영향을 받는 요인으로써 요일을 주어 그림 10.1 과 같이 표로 정리하였습니다.

날짜	캠페인	Auto call	전단지	요일	방문객 수
1	있음	없음	없음	토	606
2	있음	없음	없음	일	555
3	있음	없음	없음	월	505
4	있음	없음	없음	화	576
5	없음	있음	없음	수	707
6	없음	있음	없음	목	808
7	없음	없음	없음	금	626
8	있음	없음	있음	토	636
9	있음	있음	있음	일	1616
10	있음	있음	없음	월	1313
11	있음	없음	없음	화	505
12	있음	없음	없음	수	442
13	없음	있음	없음	목	731
14	없음	있음	없음	금	977

그림 10.1 판촉의 유무, 요일을 추기한 방문객 수

이 데이터를 해석하여 방문객 수의 증감에 영향을 미치는 것은 무엇인지, 그 영향이 얼마나 있는지를 구할 수 있다면 방문객 수를 예측할 수 있습니다.

이 데이터는 날짜라는 시간에 따른 시계열 데이터입니다. 시계열 데이터는 우선 목적이 되는 특성치의 시간 축에 따른 변화를 개관(槪觀, 대충 살펴봄)하는 것이 철칙이라고 할 수 있으므로, 가로축을 시간(날짜)으로 한 꺾은선 그래프를 나타내고자 합니다.

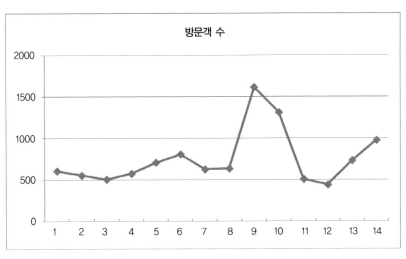

그림 10.2 방문객의 꺾은선 그래프

이 꺾은선 그래프에서 특징적인 변화는 읽을 수 없지만 9일과 10일에 어떤 이유에서 방문객 수가 현저히 증가하고 있는 것을 알 수 있습니다.

각 요인과 방문객의 변화를 꺾은선 그래프를 그려 봅니다. 그림 10.3은 캠페인이 있는 경우와 없는 경우에 대한 방문객 수의 꺾은선 그래프입니다.

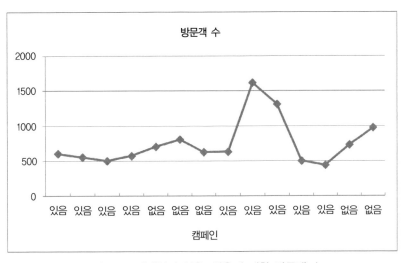

그림 10.3 캠페인이 있음, 없음에 대한 방문객 수

Excel에서 이 그래프를 그리기 위해서는 다음과 같이 방문객의 데이터를 선택한 상태에서 리본 메뉴의 [삽입]-[차트]를 클릭하여 그래프 윈도우를 실험합니다(그림 10.4).

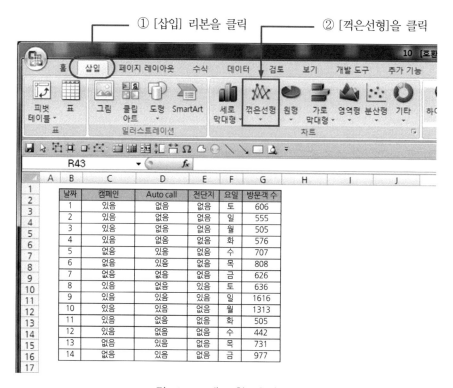

그림 10.4 그래프 윈도우의 실험

표시된 '차트 삽입' 다이얼로그에서 꺾은선 그래프를 선택합니다(그림 10.5).

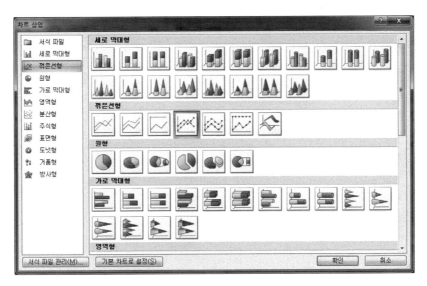

그림 10.5 그래프위저드 (1/4) 다이얼로그

[확인] 버튼을 클릭하면 표시되는 '그래프위저드 2/4'다이얼로그에서 '계열'탭을 클릭합니다(그림 10.6).

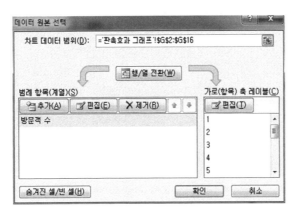

그림 10.6 그래프위저드(2/4) 다이얼로그

그림 10.7과 같이 '항목축 라벨로 사용'의 입력 셀에 캠페인이 있음, 없음을 표시한 데이터의 셀을 지정하여 '확인' 버튼을 클릭하면 그림 10.3과 같은 그래프가 표시됩니다.

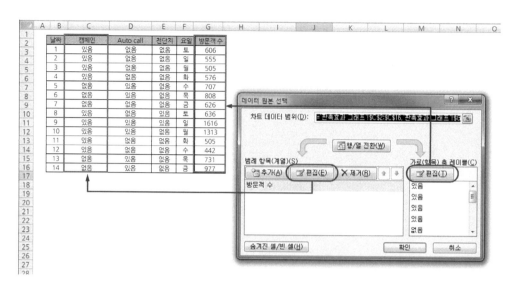

날짜	캠페인	Auto call	전단지	요일	방문객 수
1	있음	없음	없음	토	606
2	있음	없음	없음	일	555
3	있음	없음	없음	월	505
4	있음	없음	없음	화	576
5	없음	있음	없음	수	707
6	없음	있음	없음	목	808
7	없음	없음	없음	금	626
8	있음	없음	있음	토	636
9	있음	있음	있음	일	1616
10	있음	있음	없음	월	1313
11	있음	없음	없음	화	505
12	있음	없음	없음	수	442
13	없음	있음	없음	목	731
14	없음	있음	없음	금	977

그림 10.7 항목 축 라벨을 지정

마찬가지로 Auto call의 있음, 없음, 전단지의 있음, 없음, 요일에 대한 방문객 수의 그래프를 그려보면 다음과 같습니다.

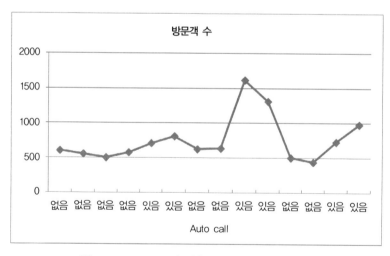

그림 10.8 Auto Call의 있음, 없음에 대한 방문객 수

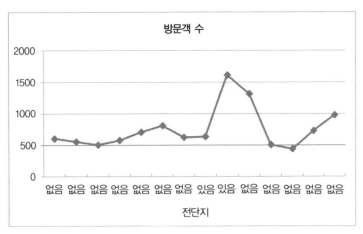

그림 10.9 전단지의 있음. 없음에 대한 방문객 수

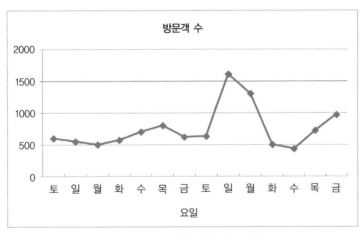

그림 10.10 요일에 대한 방문객 수

　이들의 그래프에서 판촉이 실시되면 방문객의 수가 늘어나는 것을 알 수 있습니다. 그러나 어느 판촉이 어느 경우에 영향을 주고 있는지를 확실하게 판단할 수는 없습니다.

　그래서 그림 10.1의 결과를 요인계획으로 해석해보기로 하겠습니다. 방문객 수의 예측이 목적이므로 회귀분석을 이용한 해석이 최적입니다.

　그림 10.1을 1, 0의 더미변수로 치환하고, 중복된 데이터 열을 삭제하여 회귀분석을 실험할 수 있는 표로 만든 것이 그림 10.11의 표입니다(중복된 데이터로 삭제한 열은 '캠페인 없음', 'Auto call 없음', '전단지 없음', '토요일'입니다).

날짜	캠페인 있음	Auto call 있음	전단지 있음	일	월	화	수	목	금	방문객 수
1	1	0	0	0	0	0	0	0	0	606
2	1	0	0	1	0	0	0	0	0	555
3	1	0	0	0	1	0	0	0	0	505
4	1	0	0	0	0	1	0	0	0	576
5	0	1	0	0	0	0	1	0	0	707
6	0	1	0	0	0	0	0	1	0	808
7	0	0	0	0	0	0	0	0	1	626
8	1	0	1	0	0	0	0	0	0	636
9	1	1	1	1	0	0	0	0	0	1616
10	1	1	0	0	1	0	0	0	0	1313
11	1	0	0	0	0	1	0	0	0	505
12	1	0	0	0	0	0	1	0	0	442
13	0	1	0	0	0	0	0	1	0	731
14	0	1	0	0	0	0	0	0	1	977

그림 10.11 회귀분석의 실험표

이 표에 대하여 그림 10.12와 같이 Excel의 분석 툴인 '회귀분석'을 실험하면 그림 10.13과 같은 회귀분석 결과를 구할 수 있습니다.

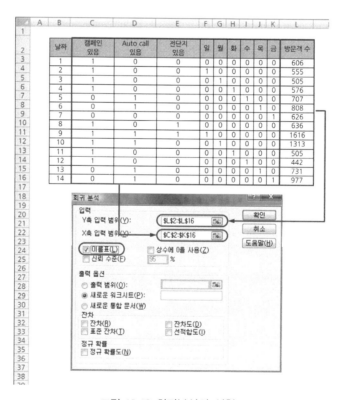

그림 10.12 회귀분석의 실험

	계수	표준 오차	t 통계량	P-값
Y 절편	110.9	280.6673	0.39513	0.712913
캠페인 있음	404.8	262.5403	1.541859	0.197968
Auto call 있음	669.8	140.3337	4.77291	0.008821
전단지 있음	210.6	171.8729	1.225324	0.287668
일	129.6	171.8729	0.754045	0.49278
월	58.4	204.5697	0.285477	0.789451
화	24.8	178.891	0.138632	0.89644
수	-73.7	210.5005	-0.35012	0.743909
목	-11.2	285.019	-0.0393	0.970538
금	355.7	285.019	1.247987	0.280102

그림 10.13 회귀분석의 결과

회귀분석의 결과에서 방문객 수를 나타내는 회귀식은 다음과 같습니다.

$$방문객\ 수 = 110.9 + \begin{cases} 404.8\ (캠페인\ 있음) \\ \hline 0.0\ (캠페인\ 없음) \end{cases} + \begin{cases} 669.8\ (Auto\,call\ 있음) \\ \hline 0.0\ (Auto\,call\ 없음) \end{cases}$$

$$+ \begin{cases} 210.6\ (전단지\ 있음) \\ \hline 0.0\ (전단지\ 없음) \end{cases} + \begin{cases} 129.6\ (일요일) \\ 58.4\ (월요일) \\ 24.8\ (화요일) \\ -73.7\ (수요일) \\ -11.2\ (목요일) \\ \hline 355.7\ (금요일) \\ 0.0\ (토요일) \end{cases}$$

이 회귀식으로 각 판촉을 실시할 때에 방문객 수의 증가를 예측할 수 있습니다. 캠페인에서 약 405인, Auto call에서 약 670인, 전단지에서 약 211인의 방문객을 예상할 수 있다는 것을 알 수 있습니다. 이것에 요일에 의한 방문객 수의 변동을 더하면 그날의 방문객 수를 예측할 수 있습니다.

요인에 의한 영향의 크기를 보기 쉽게 하기 위하여 각 요인의 영향도를 구합니다. 영향도는 회귀분석 결과에 대한 계수의 범위로 정리하면 그림 10.14와 같습니다.

요인	영향도
캠페인	404.8
Auto call	669.8
전단지	210.6
요일	429.4

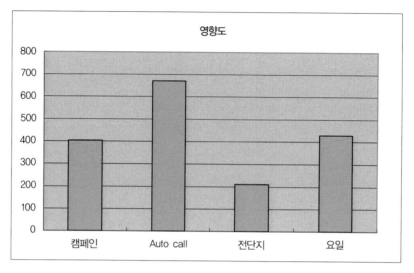

그림 10.14 영향도

요인으로서 가장 영향이 큰 것은 Auto call, 그 다음에 요일, 캠페인 순서인 것을 한 눈에 알 수 있습니다. 이 결과를 판촉의 실시 비용과 대조하면, 그 비용 대비 효과를 검토하는 것이 가능합니다.

10.2 판촉의 효과를 더욱 상세하게 측정한다

캠페인, Auto call, 전단지의 판촉효과를 보다 정확하게 파악하기 위하여 L_8 직교표를 이용한 실험계획법에 따라 데이터를 해석하는 것으로 하겠습니다. 요인은 각 판촉으로 하고, 수준은 각각의 판촉을 '있음', '없음'으로 하여 표 10.2와 같이 설정하였습니다.

표 10.2 요인과 수준

기호	요인	제1수준	제2수준
A	캠페인	있음	없음
B	Auto call	있음	없음
C	전단지	있음	없음

교호작용도 해석할 수 있으므로, 이 요인을 표 10.3과 같이 L_8 직교표로 할당합니다.

표 10.3 L_8 직교표로 할당

No.	열1	열2	열3	열4	열5	열6	열7
1	1	1	1	1	1	1	1
2	1	1	1	2	2	2	2
3	1	2	2	1	1	2	2
4	1	2	2	2	2	1	1
5	2	1	2	2	1	2	1
6	2	1	2	2	1	2	1
7	2	2	1	1	2	2	1
8	2	2	1	2	1	1	2
성분	a	b	ab	c	ac	bc	abc
요인	A	B	A×B	C	A×C	B×C	

L_8 직교표의 열1, 열2, 열4에 요인 A, B, C를 할당하고 열3, 열5, 열6이 각각 교호작용 A×B, A×C, B×C에 대응합니다. 이 결과, 그림 10.15와 같습니다.

No.	캠페인	Auto call	전단지
1	있음	있음	있음
2	있음	있음	없음
3	있음	없음	있음
4	있음	없음	없음
5	없음	있음	있음
6	없음	있음	없음
7	없음	없음	있음
8	없음	없음	없음

그림 10.15 계획행렬

이 계획행렬에 따라서 데이터를 취득하게 되는데, 이번에는 소매점의 방문객 데이터를 바탕으로 하기 때문에 과거의 데이터에서 이 계획행렬의 각 행에 조건이 합치하는 데이터를 모으면 됩니다. 어느 기간 내의 데이터로 각 행의 조건에 합치하는 데이터의 평균치를 취해, 그림 10.16과 같이 데이터를 작성하였습니다.

No.	캠페인	Auto call	전단지	방문객 수
1	있음	있음	있음	1,616
2	있음	있음	없음	1,313
3	있음	없음	있음	660
4	있음	없음	없음	600
5	없음	있음	있음	804
6	없음	있음	없음	784
7	없음	없음	있음	504
8	없음	없음	없음	421

그림 10.16 취득 데이터

이 데이터를 해석하기 위하여 분산 분석표를 작성합니다. 우선 그림 10.17과 같이 그림 10.16으로 각 요인을 조합한 2원표를 작성합니다.

캠페인	Auto call	
	있음	없음
있음	1566	660
	1335	600
없음	804	504
	784	421

캠페인	전단지	
	있음	없음
있음	1566	1335
	660	600
없음	804	784
	504	421

Auto call	전단지	
	있음	없음
있음	1566	1335
	804	784
없음	660	600
	504	421

그림 10.17 2원표

이 2원표에 대하여 Excel의 분석 툴인 '분산 분석 : 반복 있는 이원 배치'를 실험하여 그림 10.18과 같이 3개의 분산 분석표를 구합니다.

분산 분석

변동의 요인	제곱합	자유도	제곱 평균	F 비	P-값	F 기각치
캠페인	339488	1	339488	42.27088	0.002887	7.708647
Auto call	663552	1	663552	82.62126	0.000812	7.708647
교호작용	119560.5	1	119560.5	14.88691	0.018173	7.708647
잔차	32125	4	8031.25			
계	1154726	7				

분산 분석

변동의 요인	제곱합	자유도	제곱 평균	F 비	P-값	F 기각치
캠페인	339488	1	339488	1.715853	0.260391	7.708647
전단지	19404.5	1	19404.5	0.098075	0.769802	7.708647
교호작용	4418	1	4418	0.02233	0.888445	7.708647
잔차	791415	4	197853.8			
계	1154726	7				

분산 분석

변동의 요인	제곱합	자유도	제곱 평균	F 비	P-값	F 기각치
Auto call	663552	1	663552	5.643517	0.076353	7.708647
전단지	19404.5	1	19404.5	0.165035	0.705357	7.708647
교호작용	1458	1	1458	0.0124	0.916698	7.708647
잔차	470311	4	117577.8			
계	1154726	7				

그림 10.18 2원표에서의 분산 분석표

이 분산 분석표에서 각 요인과 교호작용의 분산 분석표를 작성하면 다음과 같습니다.

분산 분석

변동의 요인	제곱합	자유도	제곱 평균	F 비	P-값
캠페인	339488	1	339488	49.60012	0.089794
Auto call	663552	1	663552	96.94675	0.064436
전단지	19404.5	1	19404.5	2.83505	0.341183
캠페인×AC	119560.5	1	119560.5	17.46811	0.149509
캠페인×전단지	4418	1	4418	0.645482	0.569122
AC×전단지	1458	1	1458	0.213018	0.724721
잔차	6844.5	1	6844.5		
계	1154726	7			

그림 10.19 모든 요인, 교호작용의 분산 분석표

각 요인, 교호작용에 대한 영향의 크기를 비교하기 위하여 변동의 원그래프를 그려봅니다.

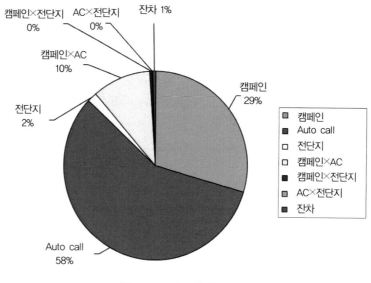

그림 10.20 변동의 원그래프

　요인의 주효과로서는 'Auto call', 다음에 '캠페인'의 영향이 크고, '전단지'는 효과가 적은 것으로 되어 있습니다. 교호작용 중에서는 '캠페인×Auto call'의 영향이 크게 나타난 것이 특징입니다.

　캠페인과 Auto call의 교호작용이 어떻게 방문객 수에 영향을 미치고 있는지를 보기 위하여 그림 10.17의 '캠페인'과 'Auto call'의 2원표에서 각 조건에서의 데이터를 평균치로 한 표를 작성하고, 요인효과도를 그립니다.

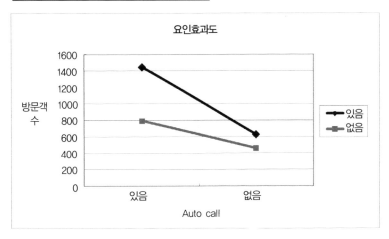

캠페인	Auto call	
	있음	없음
있음	1450.5	630
없음	794	462.5

요인효과도

그림 10.21 요인효과도

이에 따라 '캠페인 있음' 또한 'Auto call 있음'일 때에 방문객 수가 최대가 되어 캠페인과 Auto call을 동시에 실시할 때에는 방문객 수가 늘어나는 상승효과가 나타나는 것을 알 수 있습니다.

10.3 회귀분석으로 교호작용도 해석한다

다음과 같은 순서로 회귀분석을 실험하는 표로 교호작용을 나타내는 열을 작성하면, 교호작용을 포함한 요인계획에서도 회귀분석을 이용한 해석이 가능하며 회귀식을 산출할 수 있습니다.

우선 그림 10.16에서 계획행렬 부분을 1, 0의 더미변수로 치환합니다. 치환한 표에서 중복된 데이터로 '없음'의 열을 삭제한 것이 그림 10.22의 표입니다.

No.	캠페인	Auto call	전단지	방문객 수
1	1	1	1	1566
2	1	1	0	1335
3	1	0	1	660
4	1	0	0	600
5	0	1	1	804
6	0	1	0	784
7	0	0	1	504
8	0	0	0	421

그림 10.22 그림 10.16을 더미변수로 치환하고 중복된 열을 삭제한 표

이 표에 교호작용을 기입하는 열을 추가합니다. 추가하는 열은 '캠페인×Auto call', '캠페인×전단지', 'Auto call×전단지'입니다.

No.	캠페인	Auto call	전단지	캠페인×AC	캠페인×전단지	AC×전단지	방문객 수
1	1	1	1	1			1566
2	1	1	0				1335
3	1	0	1				660
4	1	0	0				600
5	0	1	1				804
6	0	1	0				784
7	0	0	1				504
8	0	0	0				421

그림 10.23 그림 10.22에 교호작용을 기입하는 열을 추가

추가한 열에 대응하는 각각의 요인 값을 곱하기한 것을 기입합니다. 예를 들면 '캠페인×Auto call'의 No.1 칸에는 '캠페인'의 No.1 값 1과 'Auto call'의 No.1 값 1의 곱(=1)을 기입합니다. 이와 같이 값을 기입하면 그림 10.24와 같이 회귀분석의 실험표가 완성됩니다.

No.	캠페인	Auto call	전단지	캠페인×AC	캠페인×전단지	AC×전단지	방문객 수
1	1	1	1	1	1	1	1566
2	1	1	0	1	0	0	1335
3	1	0	1	0	1	0	660
4	1	0	0	0	0	0	600
5	0	1	1	0	0	1	804
6	0	1	0	0	0	0	784
7	0	0	1	0	0	0	504
8	0	0	0	0	0	0	421

그림 10.24 회귀분석 실험표

이 표에 대하여 Excel의 분석 툴인 '회귀분석'을 실험하면 교호작용을 포함한 회귀분석 결

과를 얻을 수 있습니다.

그림 10.24의 회귀분석 결과는 그림 10.25와 같습니다.

요약 출력

회귀분석 통계량	
다중 상관계수	0.997032
결정계수	0.994073
조정된 결정계수	0.958508
표준 오차	82.73149
관측수	8

분산 분석

	자유도	제곱합	제곱 평균	F 비	유의한 F
회귀	6	1147881	191313.5	27.95142	0.143786
잔차	1	6844.5	6844.5		
계	7	1154726			

	계수	표준 오차	t 통계량	P-값	하위 95%	상위 95%	하위 95.0%	상위 95.0%
Y 절편	450.25	77.38823	5.818069	0.108362	-533.061	1433.561	-533.061	1433.561
캠페인	120.5	101.325	1.189243	0.445106	-1166.96	1407.956	-1166.96	1407.956
Auto call	304.5	101.325	3.005182	0.204503	-982.956	1591.956	-982.956	1591.956
전단지	24.5	101.325	0.241796	0.848967	-1262.96	1311.956	-1262.96	1311.956
캠페인×AC	489	117	4.179487	0.149509	-997.626	1975.626	-997.626	1975.626
캠페인×전단지	94	117	0.803419	0.569122	-1392.63	1580.626	-1392.63	1580.626
AC×전단지	54	117	0.461538	0.724721	-1432.63	1540.626	-1432.63	1540.626

그림 10.25 회귀분석 결과

회귀분석 결과의 왼쪽 아래 '계수'의 값으로 방문객 수를 나타내는 회귀식을 구하면 다음과 같습니다.

$$
\text{방문객 수} = 450.25 + \begin{cases} 120.5 \ (\text{캠페인 있음}) \\ 0.0 \ (\text{캠페인 없음}) \end{cases} + \begin{cases} 489.0 \ (\text{캠페인 있음과 Auto call 있음}) \\ 0.0 \ (\text{그 외}) \end{cases}
$$
$$
+ \begin{cases} 304.5 \ (\text{Auto call 있음}) \\ 0.0 \ (\text{Auto call 없음}) \end{cases} + \begin{cases} 94.0 \ (\text{캠페인 있음과 전단지 있음}) \\ 0.0 \ (\text{그 외}) \end{cases}
$$
$$
+ \begin{cases} 24.5 \ (\text{전단지 있음}) \\ 0.0 \ (\text{전단지 없음}) \end{cases} + \begin{cases} 54.0 \ (\text{Auto call 있음과 전단지 있음}) \\ 0.0 \ (\text{그 외}) \end{cases}
$$

이 회귀식에 의하여 교호작용을 고려한 방문객 수를 예측할 수 있습니다. 예를 들면 모든 판촉을 실시하였을 때의 방문객 수는 다음과 같이 예측할 수 있습니다.

방문객 수=150.25＋120.5＋304.5＋24.5＋489＋94＋54＝1,537인

참고문헌

渕上美喜, 上田太一郎, 古谷都紀子,『実戦ワークショップ Excel 徹底活用 ビジネスデータ分析』, 秀和システム.

제11장
3요인 계획의 적용 예

총연습으로 3요인 계획의
사례를 소개합니다.

이 장에서는 영업 · 기획 · 마케팅에서 실험조사나 앙케트 등에 따라 복수의 요인과 관련된 데이터를 취득하는 방법과 취득한 데이터를 통계적으로 분석하는 방법으로 요인계획을 이용하는 것을 제안하고, 그 구체적인 이용방법에 대하여 해설합니다.

동시에 요인계획의 고려방법에서 기본인 통계적인 데이터 처리방법의 하나인 '분산 분석'에 대하여 그 분석 원리에 대해서도 다양한 사례를 들어 구체적인 수치에 의해 알기 쉽게 해설합니다.

이 장에서는 그 마무리로 3요인 계획의 사례를 총 연습으로 복습하면서 분산 분석의 고려방법과 요인계획에서의 이해를 보다 견고히 할 수 있습니다.

제11장

3요인 계획의 적용 예

11.1 연습문제

그림 11.1은 어느 소매상품에 대한 1개월의 판매개수를 '진열방법', '확판캠페인', '광고매체'의 차이를 정리한 표입니다.

진열방법	확판캠페인	광고매체		
		TV	신문	주간잡지
POP진열	있음	52,436	38,900	30,025
	없음	60,645	56,413	39,680
특별진열	있음	70,052	51,491	50,238
	없음	56,530	66,187	68,140
평상진열	있음	44,543	38,638	35,887
	없음	38,801	36,398	35,267

그림 11.1 어느 소매상품의 판매개수

이 데이터에 대하여 다음과 같은 순서로 해석하여 결과에 대해 기술하기 바랍니다.

① 요인에 대한 2원표를 구하시오.
② 요인효과도를 그려서 요인과 그 수준이 판매개수에 대하여 어떤 영향이 있는지 고찰하시오.
③ Excel의 분석 툴을 사용하지 않고 각 요인 및 교호작용의 변동을 구하시오.
④ Excel의 분석 툴을 사용하여 각 요인 및 교호작용의 변동을 구해, ③에서 구한 변동.

과 일치하는지 확인하시오.

⑤ 분산 분석표를 작성하고, 결과에 대하여 고찰하시오.

⑥ 계획행렬을 작성하여 더미변수로 치환한 후, 수량화 이론 I 류로 하여 Excel의 분석 툴인 '회귀분석'을 이용하여 해석하시오. 단, 해석대상에 교호작용을 포함할 필요는 없고 요인의 주효과에 대해서만 해석하시오.

11.2 해답 예

(1) 요인에 대한 2원표를 구한다.

그림 11.1에 표시한 3개의 요인에 대하여 2원표는 그림 11.2~11.4와 같이 '진열방법과 캠페인', '진열방법과 광고매체', '확판캠페인과 광고매체' 3가지의 조합으로 작성합니다.

진열방법	확판캠페인	
	있음	없음
POP진열	52,436	60,645
	38,900	56,413
	30,025	39,680
특별진열	70,052	56,530
	51,491	66,187
	50,238	68,140
평상진열	44,543	38,801
	38,638	36,398
	35,887	35,267

그림 11.2 진열방법과 캠페인의 2원표

진열방법	광고매체		
	TV	신문	주간잡지
POP진열	52,436	38,900	30,025
	60,645	56,413	39,680
특별진열	70,052	51,491	50,238
	56,530	66,187	68,140
평상진열	44,543	38,638	35,887
	38,801	36,398	35,267

그림 11.3 진열방법과 광고매체의 2원표

확판캠페인	광고매체		
	TV	신문	주간잡지
있음	52,436	38,900	30,025
	70,052	51,491	50,238
	44,543	38,638	35,887
없음	60,645	56,413	39,680
	56,530	66,187	68,140
	38,801	36,398	35,267

그림 11.4 확판캠페인과 광고매체의 2원표

(2) 요인효과도를 그린다.

요인효과도는 그림 11.5와 같은 2원표를 바탕으로 그리면, 요인끼리의 교호작용 상태도 볼 수 있습니다. 우선, 그림 11.2~11.4의 2원표를 각각 요인과 수준이 같은 조건의 데이터를 평균한 표로 다시 작성합니다.

진열방법	확판캠페인	
	있음	없음
POP진열	40,454	52,246
특별진열	57,260	63,619
평상진열	39,689	36,822

그림 11.5 데이터를 평균한 '진열방법과 확판캠페인'의 2원표

진열방법	광고매체		
	TV	신문	주간잡지
POP진열	56,541	47,657	34,853
특별진열	63,291	58,839	59,189
평상진열	41,672	37,518	35,577

그림 11.6 데이터를 평균한 '진열방법과 광고매체'의 2원표

판촉캠페인	광고매체		
	TV	신문	주간잡지
있음	55,677	43,010	38,717
없음	51,992	52,999	47,696

그림 11.7 데이터를 평균한 '확판캠페인과 광고매체'의 2원표

이 표 각각에 대하여 Excel에서 꺾은선 그래프를 그리면 요인효과도가 작성됩니다. 그림 11.5의 2원표는 그림 11.8의 요인효과도가 얻어집니다.

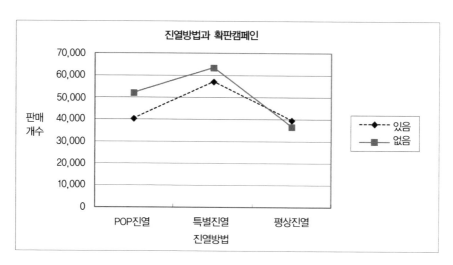

그림 11.8 '진열방법과 확판캠페인'의 요인효과도

이 그림에서 진열방법은 '특별진열', 'POP 진열', '평상진열'의 순으로 판매개수가 늘어난다고 하는 경향을 볼 수 있습니다. 확판캠페인의 유무에 따라서 판매개수가 많고 적다는 것은 일률적으로 알 수는 없습니다. 진열방법과 확판캠페인의 교호작용이 없다고는 할 수 없지만 그리 크지는 않습니다.

그림 11.6의 2원표는 그림 11.9의 요인효과도가 얻어집니다.

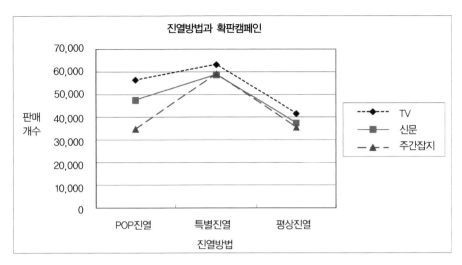

그림 11.9 '진열방법과 광고매체'의 요인효과도

이 그림에서 광고매체는 'TV', '주간잡지'의 순으로 판매개수가 많은 경향을 볼 수 있습니다. 진열방법과 광고매체의 교호작용도 그리 크지는 않습니다.

그림 11.7의 2원표는 그림 11.10의 요인효과도가 얻어집니다.

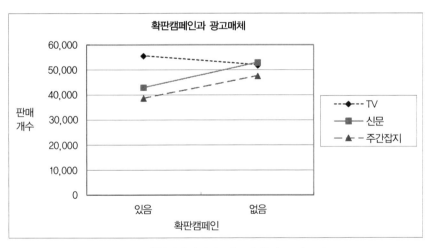

그림 11.10 '확판캠페인과 광고매체'의 요인효과도

이 그림에서 확판캠페인과 광고매체에서는 교호작용이 있다고 할 수 있습니다.

(3) Excel의 분석 툴을 사용하지 않고 각 요인 및 교호작용의 변동을 구한다.

제6장의 6.4절과 마찬가지의 순서로 구합니다. 우선, 그림 11.1에서 총평균을 구해, 그림 11.11과 같이 전체의 변동을 구합니다.

진열방법	확판캠페인	광고매체		
		TV	신문	주간잡지
POP진열	있음	52,436	38,900	30,025
	없음	60,645	56,413	39,680
특별진열	있음	70,052	51,491	50,238
	없음	56,530	66,187	68,140
평상진열	있음	44,543	38,638	35,887
	없음	38,801	36,398	35,267

총평균	48,348.4

모든 데이터에서 총평균을 뺀다.

진열방법	확판캠페인	광고매체		
		TV	신문	주간잡지
POP진열	있음	4,088	-9,448	-18,323
	없음	12,297	8,065	-8,668
특별진열	있음	21,704	3,143	1,890
	없음	8,182	17,839	19,792
평상진열	있음	-3,805	-9,710	-12,461
	없음	-9,547	-11,950	-13,081

2승 한다.

진열방법	확판캠페인	광고매체		
		TV	신문	주간잡지
POP진열	있음	16,708,565	89,272,053	335,746,580
	없음	151,206,645	65,037,952	75,140,966
특별진열	있음	471,046,735	9,876,005	3,570,630
	없음	66,938,760	318,216,046	391,707,870
평상진열	있음	14,480,985	94,291,652	155,286,213
	없음	91,152,635	142,811,795	171,122,735

전변동	2,663,614,822

합계한다.

그림 11.11 전체의 변동

다음에 그림 11.5~11.7에서 그림 11.12~11.14와 같이 각각의 '요인과 교호작용의 변동'을 구합니다.

진열방법	확판캠페인	
	있음	없음
POP진열	40,454	52,246
특별진열	57,260	63,619
평상진열	39,689	36,822

⬇ 데이터에서 총평균을 뺀다.

진열방법	확판캠페인	
	있음	없음
POP진열	-7,895	3,898
특별진열	8,912	15,271
평상진열	-8,659	-11,526

⬇ 2승 한다.

진열방법	확판캠페인	
	있음	없음
POP진열	62,326,639	15,191,372
특별진열	79,422,754	233,191,564
평상진열	74,979,243	132,857,641

⬇ 합계하여 3배 한다.

진열방법과 확판캠페인의 변동	1,793,907,638

그림 11.12 '진열방법과 확판캠페인'의 요인과 교호작용의 변동

진열방법	광고매체		
	TV	신문	주간잡지
POP진열	56,541	47,657	34,853
특별진열	63,291	58,839	59,189
평상진열	41,672	37,518	35,577

⬇ 데이터에서 총평균을 뺀다.

진열방법	광고매체		
	TV	신문	주간잡지
POP진열	8,192	-692	-13,496
특별진열	14,943	10,491	10,841
평상진열	-6,676	-10,830	-12,771

⬇ 2승 한다.

진열방법	광고매체		
	TV	신문	주간잡지
POP진열	67,110,684	478,710	182,139,017
특별진열	223,281,627	110,052,921	117,518,849
평상진열	44,574,169	117,297,323	163,108,374

⬇ 합계하여 2배 한다.

진열방법과 광고매체의 변동	2,051,123,351

그림 11.13 '진열방법과 광고매체'의 요인과 교호작용의 변동

판촉캠페인	광고매체		
	TV	신문	주간잡지
있음	55,677	43,010	38,717
없음	51,992	52,999	47,696

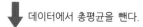

데이터에서 총평균을 뺀다.

판촉캠페인	광고매체		
	TV	신문	주간잡지
있음	7,329	-5,339	-9,632
없음	3,644	4,651	-653

2승 한다.

판촉캠페인	광고매체		
	TV	신문	주간잡지
있음	53,708,541	28,501,955	92,770,073
없음	13,275,902	21,631,284	426,046

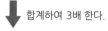

합계하여 3배 한다.

확판캠페인과 광고매체의 변동	630,941,404

그림 11.14 '확판캠페인과 광고매체'의 요인과 교호작용의 변동

그림 11.2와 그림 11.3에서 요인만의 변동을 구합니다.

진열방법	확판캠페인		각 평균	총평균과의 차이	←2승
	있음	없음			
POP진열	52,436	60,645	46,350	-1999	3,994,224
	38,900	56,413			
	30,025	39,680			
특별진열	70,052	56,530	60,440	12091	146,198,998
	51,491	66,187			
	50,238	68,140			
평상진열	44,543	38,801	38,256	-10093	101,863,042
	38,638	36,398			
	35,887	35,267			
각 평균	45,801	50,896			
총평균과의 차이	-2,547	2,547			
↑2승	6,488,624	6,488,624			

합계하여 9배 한다. → | 확판캠페인의 변동 | 116,795,233 |

합계하여 6배 한다. → | 진열방법의 변동 | 1,512,337,587 |

진열방법	광고매체		
	TV	신문	주간잡지
POP진열	52,436	38,900	30,025
	60,645	56,413	39,680
특별진열	70,052	51,491	50,238
	56,530	66,187	68,140
평상진열	44,543	38,638	35,887
	38,801	36,398	35,267
각 평균	53,835	48,005	43,206
총평균과의 차이	5,486	-344	-5,142
↑2승	30,097,415	118,260	26,442,449

합계하여 6배 한다. → | 광고매체의 변동 | 339,948,744 |

그림 11.15 요인만의 변동

이상에 의하여 각 요인 및 교호작용의 변동(제곱합)은 다음과 같습니다.

· 전체의 변동＝2,663,614,822

· 진열방법과 확판캠페인의 변동＝1,793,907,638

· 진열방법과 광고매체의 변동＝2,051,123,351

· 확판캠페인과 광고매체의 변동＝630,841,404

· 진열방법의 변동＝1,512,337,587

· 확판캠페인의 변동＝116,795,233

· 광고매체의 변동＝339,648,744

· 진열방법과 확판캠페인의 교호작용의 변동

　　＝진열방법과 확판캠페인의 변동－진열방법의 변동－확판캠페인의 변동

$$=1,793,907,638-1,512,337,587-116,795,233=164,774,848$$

· 진열방법과 광고매체의 교호작용의 변동

$$=진열방법과\ 광고매체의\ 변동-진열방법의\ 변동-광고매체의\ 변동$$

$$=2,051,123,351-1,512,337,587-339,948,744=198,837,020$$

· 확판캠페인과 광고매체의 교호작용의 변동

$$=확판캠페인과\ 광고매체의\ 변동-확판캠페인의\ 변동-광고매체의\ 변동$$

$$=630,941,404-116,795,233-339,948,744=174,197,427$$

(4) Excel의 분석 툴을 사용하여 각 요인 및 교호작용의 변동을 구한다.

그림 11.2~11.4에 대하여 Excel의 분석 툴인 '분산 분석 : 반복 있는 2원표'를 실험하면 분산 분석표 중에서 각 요인 및 교호작용의 변동을 구할 수 있습니다.

그림 11.12에서는 다음 내용의 분산 분석표를 구할 수 있습니다(변동요인의 명칭은 알기 쉽게 변경하였습니다).

분산 분석

변동의 요인	제곱합	자유도	제곱 평균	F 비	P-값	F 기각치
진열방법	1512337587	2	756168793.4	10.43342597	0.002369	3.885294
확판캠페인	116795233.4	1	116795233.4	1.611511123	0.228347	4.747225
교호작용	164774818.1	2	82387409.06	1.136760656	0.353102	3.885294
잔차	869707184	12	72475598.67			
계	2663614822	17				

그림 11.16 그림 11.2에서의 분산 분석표

분산 분석

변동의 요인	제곱합	자유도	제곱 평균	F 비	P-값	F 기각치
진열방법	1512337587	2	756168793.4	11.11120637	0.003707	4.256495
광고매체	339948744.4	2	169974372.2	2.497617389	0.137145	4.256495
교호작용	198837019.6	4	49709254.89	0.730431875	0.593433	3.633089
잔차	612491471.5	9	68054607.94			
계	2663614822	17				

그림 11.17 그림 11.3에서의 분산 분석표

분산 분석

변동의 요인	제곱합	자유도	제곱 평균	F 비	P-값	F 기각치
확판캠페인	116795233.4	1	116795233.4	0.689507123	0.422545	4.747225
광고매체	339948744.4	2	169974372.2	1.003453112	0.395398	3.885294
교호작용	174197425.8	2	87098712.89	0.514192071	0.610582	3.885294
잔차	2032673419	12	169389451.6			
계	2663614822	17				

그림 11.18 그림 11.4에서의 분산 분석표

그림 11.3, 그림 11.4에서는 각각 그림 11.17, 그림 11.18과 같이 분산 분석표를 구할 수 있습니다.

각 분산 분석표의 변동 값이 (3)의 결과와 일치하는 것을 확인할 수 있습니다.

(5) 분산 분석표를 작성한다.

그림 11.16~11.18의 결과로 다음과 같은 순서로 분산 분석표를 작성합니다.

① 모든 요인 및 교호작용의 변동(제곱합), 자유도, 분산과 합계의 변동, 자유도를 뽑아 합계의 변동에서 모든 요인과 교호작용의 변동을 뺀 값을 오차의 변동으로 한다.

② 합계의 자유도에서 모든 요인 및 교호작용의 자유도를 뺀 값을 오차의 자유도로 한다.

③ 오차의 변동을 오차의 자유도로 나누어 오차의 분산으로 한다.

④ 모든 요인과 교호작용의 분산을 오차의 분산으로 나누어 분산비(F비)로 한다.

⑤ 모든 요인과 교호작용의 분산비, 자유도, 오차의 자유도에서 Excel의 FDIST 함수로 P-값을 구한다.

이에 따라 다음과 같은 분산 분석표가 얻어집니다.

분산 분석

변동의 요인	제곱합	자유도	제곱 평균	F 비	P-값
진열방법	1,512,337,587	2	756168793.4	19.29937524	0.008817
확판캠페인	116,795,233	1	116795233.4	2.980915181	0.159327
광고매체	339,948,744	2	169974372.2	4.338183775	0.09957
진열×확판	164,774,818	2	82387409.06	2.102738881	0.237636
진열×광고	198,837,020	4	49709254.89	1.268708219	0.411585
확판×광고	(1) 174,197,426	(2) 2	87098712.89	2.222983489	0.224296
잔차	156,723,994	4	(3) 39180998.56		(5)
계	2,663,614,822	17			

(4)

그림 11.19 분산 분석표

P-값이 15%(0.15) 이하인 '진열방법'과 '광고매체'는 판매개수에 대하여 확실히 영향이 있다고 판단되었습니다. 이외의 요인과 교호작용에 대해서는 영향이 있다고 말할 수는 없는 결과이지만, 이 중에서 '확판캠페인'의 교호작용에 대해서는 P-값이 그다지 크지 않아 조금이라도 영향이 있는 것으로 판단할 수 있습니다. 판매개수의 개선이나 예측에서는 '진열방법', '광고매체'뿐만이 아닌 '확판캠페인'에 대해서도 고려하는 게 좋습니다.

(6) 수량화 이론 I류로 Excel 분석 툴 회귀분석을 이용하여 주효과에 대하여 해석한다.

회귀분석을 실험하기 위하여 우선 그림 11.1을 다음과 같이 계획행렬을 포함한 형식으로 다시 작성합니다.

No.	진열방법	확판캠페인	광고매체	판매개수
1	POP진열	있음	TV	52,436
2	POP진열	있음	신문	38,900
3	POP진열	있음	주간잡지	30,025
4	POP진열	없음	TV	60,645
5	POP진열	없음	신문	56,413
6	POP진열	없음	주간잡지	39,680
7	특별진열	있음	TV	70,052
8	특별진열	있음	신문	51,491
9	특별진열	있음	주간잡지	50,238
10	특별진열	없음	TV	56,530
11	특별진열	없음	신문	66,187
12	특별진열	없음	주간잡지	68,140
13	평상진열	있음	TV	44,543
14	평상진열	있음	신문	38,638
15	평상진열	있음	주간잡지	35,887
16	평상진열	없음	TV	38,801
17	평상진열	없음	신문	36,398
18	평상진열	없음	주간잡지	35,267

그림 11.20 그림 11.1을 계획행렬 형식으로 다시 작성

다음에 이 표를 1, 0의 더미변수로 치환합니다.

No.	POP진열	특별진열	평상진열	확판있음	확판없음	TV	신문	주간잡지	판매개수
1	1	0	0	1	0	1	0	0	52,436
2	1	0	0	1	0	0	1	0	38,900
3	1	0	0	1	0	0	0	1	30,025
4	1	0	0	0	1	1	0	0	60,645
5	1	0	0	0	1	0	1	0	56,413
6	1	0	0	0	1	0	0	1	39,680
7	0	1	0	1	0	1	0	0	70,052
8	0	1	0	1	0	0	1	0	51,491
9	0	1	0	1	0	0	0	1	50,238
10	0	1	0	0	1	1	0	0	56,530
11	0	1	0	0	1	0	1	0	66,187
12	0	1	0	0	1	0	0	1	68,140
13	0	0	1	1	0	1	0	0	44,543
14	0	0	1	1	0	0	1	0	38,638
15	0	0	1	1	0	0	0	1	35,887
16	0	0	1	0	1	1	0	0	38,801
17	0	0	1	0	1	0	1	0	36,398
18	0	0	1	0	1	0	0	1	35,267

그림 11.21 더미변수로 치환

이 표에서 요인마다 1열씩 중복된 열을 삭제합니다. 여기서는 '평상진열', '확판없음', '주간잡지'의 열을 삭제하여 다음과 같이 회귀분석을 실험하는 표를 작성하였습니다.

No.	POP진열	특별진열	확판있음	TV	신문	판매개수
1	1	0	1	1	0	52,436
2	1	0	1	0	1	38,900
3	1	0	1	0	0	30,025
4	1	0	0	1	0	60,645
5	1	0	0	0	1	56,413
6	1	0	0	0	0	39,680
7	0	1	1	1	0	70,052
8	0	1	1	0	1	51,491
9	0	1	1	0	0	50,238
10	0	1	0	1	0	56,530
11	0	1	0	0	1	66,187
12	0	1	0	0	0	68,140
13	0	0	1	1	0	44,543
14	0	0	1	0	1	38,638
15	0	0	1	0	0	35,887
16	0	0	0	1	0	38,801
17	0	0	0	0	1	36,398
18	0	0	0	0	0	35,267

그림 11.22 회귀분석 실험표

이 표에 대하여 Excel의 분석 툴이 '회귀분석'을 실험합니다.

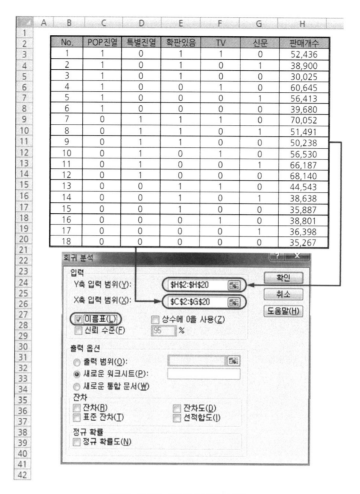

그림 11.23 회귀분석의 실험

그림 11.24와 같이 회귀분석 결과를 얻을 수 있습니다.

요약 출력

회귀분석 통계량	
다중 상관계수	0.8597974
결정계수	0.7392516
조정된 결정계수	0.6306065
표준 오차	7607.7442
관측수	18

분산 분석

	자유도	제곱합	제곱 평균	F 비	유의한 F
회귀	5	1969081565	393816312.9	6.804276	0.00315535
잔차	12	694533257.7	57877771.47		
계	17	2663614822			

	계수	표준 오차	t 통계량	P-값	하위 95%	상위 95%	하위 95.0%	상위 95.0%
Y 절편	35660.722	4392.333149	8.118856429	3.23E-06	26090.6504	45230.794	26090.6504	45230.794
POP진열	8094.1667	4392.333149	1.84279434	0.090189	-1475.9051	17664.238	-1475.9051	17664.238
특별진열	22184	4392.333149	5.050618714	0.000284	12613.9282	31754.072	12613.9282	31754.072
확판있음	-5094.556	3586.324998	-1.42055044	0.180906	-12908.486	2719.3754	-12908.486	2719.3754
TV	10628.333	4392.333149	2.41974663	0.032332	1058.26153	20198.405	1058.26153	20198.405
신문	4798.3333	4392.333149	1.092433832	0.296089	-4771.7385	14368.405	-4771.7385	14368.405

그림 11.24 회귀분석 결과

이 결과에서 판매개수를 나타내는 회귀식은 다음과 같습니다.

$$
판매개수 = 35660.7 + \begin{cases} 8094.2 \ (POP진열) \\ 22184.0 \ (특별진열) \\ 0.0 \ (평상진열) \end{cases} + \begin{cases} -5094.6.0 \ (확판캠페인 \ 있음) \\ 0.0 \ (확판캠페인 \ 없음) \end{cases}
$$

진열방법 ⎵ 확판캠페인

$$
+ \begin{cases} 10628.3 \ (TV) \\ 4798.3 \ (신문) \\ 0.0 \ (주간잡지) \end{cases}
$$

광고매체

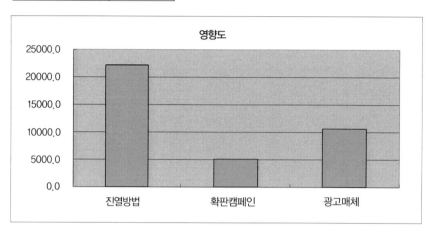

요인	영향도
진열방법	22184.0
확판캠페인	5094.6
광고매체	10628.3

그림 11.25 영향도

요인에서의 영향도의 크기가 그림 11.19의 분산 분석표에 대한 P-값의 결과와 같은 경향인 것을 알 수 있습니다.

전술한 회귀식에서 판매개수가 가장 큰 조건은 '특별진열', '확판없음', 'TV'일 때, 그 때의 판매개수의 예측치는 다음과 같이 구할 수 있습니다.

판매개수＝35660.7＋22184＋0＋10628.3(개)

이와 같이 영업·기획·마케팅에서도 분산 분석이나 요인계획을 충분히 이용할 수 있다는 것을 사례를 통하여 알 수 있었습니다.

제12장
일대비교법

조사에 도움이 되는 '일대 비교법'을 소개합니다.

점포실험이나 앙케트 조사에 매우 유용한 방법으로 요인계획 및 실험계획법을 이용하는 것을 이 책의 목적 이라고 할 수 있지만, 이것과는 다른 영업 · 기획 · 마케팅에서 조사 등에 이용할 수 있는 수단으로써 꼭 소개 하고 싶은 방법이 있습니다.

그 방법이 이 장에서 소개할 일대비교법입니다. 일대비교법은 앙케트 조사에서 응답자에게 가급적 부담을 주지 않고, 유효한 결과를 얻을 수 있는 방법으로 주목받고 있습니다. 단순한 비교를 하는 앙케트(설문) 항목 임에도 불구하고 종합적으로 전체적인 평가도 가능하게 해주는 해석 방법입니다.

이 방법은 요인계획에서는 없지만, 그 결과의 해석에는 통계방법을 사용합니다. 이 장에서는 회귀분석에 의 한 해석 방법을 소개합니다. 물론 Excel의 분석 툴로 간단하게 해석할 수 있습니다.

제12장

일대비교법

12.1 일대비교법이란

2개를 비교하여 우열을 가리거나, 어느 쪽이 중요한지 등을 판정하는 것을 일대비교라고 합니다. 일대비교법이란 일대비교의 결과를 종합하여 여러 개 중에서 순위를 매기는 방법입니다.

대상으로 하는 모든 것에 대하여 순위를 고려하는 것은 아니고, 2개씩 조를 만들어 각각의 조에서 '어느 쪽이 좋은가?'라는 평가 결과로 전체 순위를 결정합니다.

말로 설명하는 것보다 구체적으로 보면서 하는 편이 이해하기 쉬우므로 다음과 같은 사례로 일대비교표를 소개합니다.

12.2 일대비교법의 사례

점포의 디자인에서 그 이용자의 시점에서 유니버설 디자인(universal design)의 원칙 가운데 어느 항목에 대하여 중요도가 높은지를 조사하기 위하여 앙케트 조사를 실시하는 것으로 하였습니다. 유니버설디자인의 원칙은 표 12.1과 같이 7개의 항목이 있는데, 그중에서 ①, ②, ③, ⑦ 4개의 항목의 중요도를 수치화하는 것을 목적으로 하여 일대비교법의 앙케트를 계획하는 것으로 하였습니다.

표 12.1 유니버설디자인의 원칙

No.	원칙
①	누구나 이용할 수 있다(공평한 사용).
②	이용하는 데 유연성이 있다(사용상의 융통성).
③	이용방법이 쉽고 직감적이다(간단하고 직관적인 사용).
④	사용자에게 필요한 정보가 쉽게 전해진다(정보이용의 용이).
⑤	틀려도 중대한 결과가 되지 않는다(오류에 대한 포용력)
⑥	구체적인 부담이 적어 효율적이고 즐겁게 이용할 수 있다(적은 물리적 노력)
⑦	액세스(access)하기 쉬운 공간과 크기이다(접근과 사용을 위한 충분한 공간)

※ 'universal＝보편적인, 전체의'이라는 말과 같이 유니버설 디자인은 모든 사람이 이용할 수 있도록 배려한 디자인을 의미하며, 나이나 장애의 유무 등에 관계없이 가능한 한 모든 사람이 이용할 수 있는 디자인을 지칭한다. 유니버설디자인의 7원칙은 로널드 맥스(Ronald Mace) 등에 의해 정해졌다.

앙케트 항목은 4개의 항목에서 2개의 항목을 선택한 모든 조합(6개)에 대하여 어느 쪽의 중요도가 높은지를 찾는 질문입니다. 중요도를 될 수 있으면 상세하게 판정하기 위하여 어느 쪽을 중요시하는가 라는 양자선택의 설문이 아니라, 중요시하는 정도를 응답할 수 있도록 다음과 같은 양식으로 앙케트 용지를 작성하였습니다.

〈설문을 작성해주세요.〉

쇼핑할 때, 다음 4가지를 고려합니다.

● 누구나 이용할 수 있다.
● 이용하는 데 유연성이 있다.
● 이용방법이 간단하다.
● 접근하기 쉬운 공간과 크기

이에 대하여 다음의 1~6의 조합에 대해 비교 평가해주세요.
각각 '포인트 A'와 '포인트 B'의 어느 쪽이 어느 정도 중요한지를 비교하여, 해당되는 칸에 ○를 표시해주세요.

No.	포인트 A	(포인트 A 쪽)				같다	(포인트 B 쪽)				포인트 B
		매우 중요	꽤 중요	중요	약간 중요		약간 중요	중요	꽤 중요	매우 중요	
1	누구나 이용할 수 있다.										이용하는 데 유연성이 있다.
2	누구나 이용할 수 있다.										이용방법이 간단하다.
3	누구나 이용할 수 있다.										접근하기 쉬운 공간과 크기
4	이용하는 데 유연성이 있다.										이용방법이 간단하다.
5	이용하는 데 유연성이 있다.										접근하기 쉬운 공간과 크기
6	이용방법이 간단하다.										접근하기 쉬운 공간과 크기

그림 12.1 앙케트 용지

이 앙케트용지로 설문을 실시하여 회수한 169건의 응답에 대하여 그림 12.2와 같이 각 칸에 기입된 ○를 합계하여 정리하였습니다.

No.	포인트 A	매우 중요	꽤 중요	중요	약간 중요	같다	약간 중요	중요	꽤 중요	매우 중요	포인트 B
1	누구나 이용할 수 있다.	10	11	10	13	41	39	22	12	11	이용하는 데 유연성이 있다.
2	누구나 이용할 수 있다.	9	3	1	12	52	28	12	21	31	이용방법이 간단하다.
3	누구나 이용할 수 있다.	12	2	1	9	32	12	38	52	11	접근하기 쉬운 공간과 크기
4	이용하는 데 유연성이 있다.	1	21	4	31	30	1	77	3	1	이용방법이 간단하다.
5	이용하는 데 유연성이 있다.	2	21	12	2	28	11	71	20	2	접근하기 쉬운 공간과 크기
6	이용방법이 간단하다.	20	22	12	10	10	41	11	42	1	접근하기 쉬운 공간과 크기

그림 12.2 앙케트 집계결과

이 결과를 바탕으로 '누구나 이용할 수 있다', '이용하는 데 유연성이 있다', '이용방법이 간단하다', '접근하기 쉬운 공간과 크기' 4개의 항목에 대하여 각각의 중요도를 나타내는 수치를 구하는 것이 이 해석의 목적입니다.

우선 중요도의 각 칸에 대하여 가중치를 부여합니다. 이번 앙케트에서는 앙케트 용지의 왼쪽을 정(+)의 방향으로 하여 각각의 중요도를 나타내는 칸에 대하여 표 12.2와 같이 가중치 계수를 설정하였습니다.

표 12.2 중요도의 가중치 계수

중요도의 회답 칸	매우 중요	꽤 중요	중요	약간 중요	같다	약간 중요	중요	꽤 중요	매우 중요
가중치	9	7	5	3	0	-3	-5	-7	-9

이 가중치 계수를 사용하여 그림 12.3의 No.1~6의 각 결과에 대하여 '가중치 평가점'을 산출합니다.

예를 들면 No.1의 가중치 평가점은 그림 12.3 왼쪽의 '매우 중요'에 대한 집계값 10에 '매우 중요'에 대한 계수 9를 곱하고, 같은 방법으로 '꽤 중요', '중요', '약간 중요', …의 값에도 해당하는 가중치 계수를 곱하여 다음 식과 같이 각각 곱한 값을 합계하여 구합니다.

No.1의 가중치 평가점

$$=10\times9+11\times7+10\times5+13\times3+41\times0+39\times(-3)+22\times(-5)+12(-7)+11\times(-9)=-154$$

이 식은 다음과 같이 Excel에서 SUMPRODUCT 함수를 이용하면 매우 간단하게 계산할 수 있습니다.

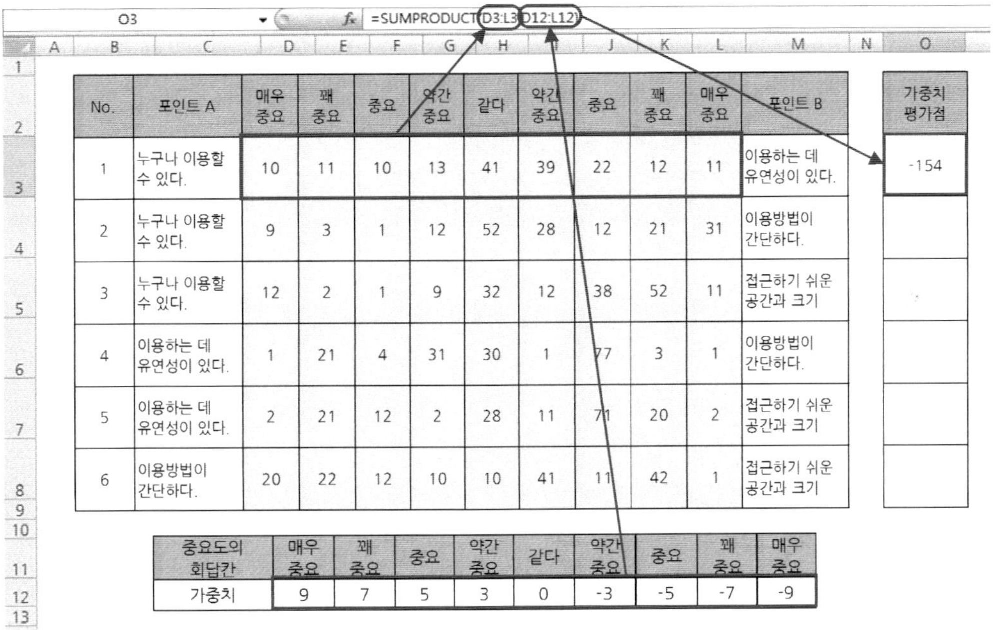

| O3 | | | f_x | =SUMPRODUCT(D3:L3, D12:L12) |

	No.	포인트 A	매우 중요	꽤 중요	중요	약간 중요	같다	약간 중요	중요	꽤 중요	매우 중요	포인트 B	가중치 평가점
	1	누구나 이용할 수 있다.	10	11	10	13	41	39	22	12	11	이용하는 데 유연성이 있다.	-154
	2	누구나 이용할 수 있다.	9	3	1	12	52	28	12	21	31	이용방법이 간단하다.	
	3	누구나 이용할 수 있다.	12	2	1	9	32	12	38	52	11	접근하기 쉬운 공간과 크기	
	4	이용하는 데 유연성이 있다.	1	21	4	31	30	1	77	3	1	이용방법이 간단하다.	
	5	이용하는 데 유연성이 있다.	2	21	12	2	28	11	71	20	2	접근하기 쉬운 공간과 크기	
	6	이용방법이 간단하다.	20	22	12	10	10	41	11	42	1	접근하기 쉬운 공간과 크기	

중요도의 회답칸	매우 중요	꽤 중요	중요	약간 중요	같다	약간 중요	중요	꽤 중요	매우 중요
가중치	9	7	5	3	0	-3	-5	-7	-9

No.1의 가중치 평가점을 표시하는 셀 O3에 'SUMPRODUCT(D3:L3, D12:L12)'로 입력하면 그림과 같이 -154로 계산 값이 표시된다.

그림 12.3 SUMPRODUCT 함수로 가중치 평가점을 산출

마찬가지로 No.2~6의 가중치 평가점은 다음과 같습니다.

No.	포인트 A	포인트 B	가중치 평가점
1	누구나 이용할 수 있다.	이용하는 데 유연성이 있다.	-154
2	누구나 이용할 수 있다.	이용방법이 간단하다.	-427
3	누구나 이용할 수 있다.	접근하기 쉬운 공간과 크기	-535
4	이용하는 데 유연성이 있다.	이용방법이 간단하다.	-149
5	이용하는 데 유연성이 있다.	접근하기 쉬운 공간과 크기	-315
6	이용방법이 간단하다.	접근하기 쉬운 공간과 크기	-57

그림 12.4 가중치 평가점의 산출결과

이 가중치 평가점은 '포인트 A의 항목'이 '포인트 B의 항목'보다 중요한 정도를 나타내는 수치라고 생각할 수 있습니다. 가중치 평가점이 높을수록 포인트 A의 항목 쪽이 포인트 B의 항목보다 중요도가 높다고 하는 것을 나타냅니다[가중치 평가점이 A, B 어느 쪽의 중요도가 높음을 나타낼지는 표 12.2에서 설정한 가중치 계수의 부호에 의하여 결정됩니다. 만약에 표 12.2에서 왼쪽방향이 아닌 우측방향을 정(+)으로 한 경우는 역으로 포인트 B가 포인트 A보다 중요한 정도를 나타내는 수치가 됩니다].

다음에 그림 12.5에 표시한 순서로 포인트 A 및 포인트 B 항목을 1과 -1의 수치로 치환하면, '누구나 이용할 수 있다', '이용하는 데 유연성이 있다', '이용방법이 간단하다', '접근하기 쉬운 공간과 크기' 4항목의 중요도를 수치로 분석할 준비가 갖추어집니다.

No.	포인트 A	포인트 B	누구나 이용할 수 있다	이용하는 데 유연성이 있다	이용방법이 간단하다	접근하기 쉬운 공간과 크기	가중치 평가점
1	누구나 이용할 수 있다.	이용하는 데 유연성이 있다.	② 1	③ -1	④ 0	④ 0	-154
2	누구나 이용할 수 있다.	이용방법이 간단하다.					-427
3	누구나 이용할 수 있다.	접근하기 쉬운 공간과 크기					-535
4	이용하는 데 유연성이 있다.	이용방법이 간단하다.					-149
5	이용하는 데 유연성이 있다.	접근하기 쉬운 공간과 크기					-315
6	이용방법이 간단하다.	접근하기 쉬운 공간과 크기					-57

① 중요도를 판단하고 싶은 4항목을 타이틀로 한 예를 그림 12.4에 추가한다.
② 각 행에서 포인트 A의 항목에 해당하는 칸에는 1을 기입한다.
③ 각 행에서 포인트 B의 항목에 해당하는 칸에는 -1을 기입한다.
④ 포인트 A에도 B에도 배치되지 않은 항목에 해당하는 칸에는 0을 기입한다.

그림 12.5 포인트 A, B 항목을 수치화

No.2~6에 대해서도 같은 순서로 하면 그림 12.6과 같이 수치화한 표를 구할 수 있습니다.

No.	누구나 이용할 수 있다	이용하는 데 유연성이 있다	이용방법이 간단하다	접근하기 쉬운 공간과 크기	가중치 평가점
1	1	-1	0	0	-154
2	1	0	-1	0	-427
3	1	0	0	-1	-535
4	0	1	-1	0	-149
5	0	1	0	-1	-315
6	0	0	1	-1	-57

그림 12.6 항목과 가중치 평가점의 대응표

일대비교법의 해석은 그림 12.6을 바탕으로 회귀분석으로 실시합니다. 그러나 그림 12.6

그대로는 '중복된 데이터가 있다'는 것을 알거라고 생각합니다. 어떤 항목에 1열이 없어도 데이터로 누락된 상태는 아닙니다.

그렇기 때문에 회귀분석을 실험하기 전에 아무거나 1열을 삭제하여 데이터가 장황하지 않은 상태로 해야 합니다. 여기에서는 '누구나 이용할 수 있다'의 열을 삭제하여 그림 12.7과 같이 회귀분석의 실험표를 작성하였습니다.

No.	이용하는 데 유연성이 있다	이용방법이 간단하다	접근하기 쉬운 공간과 크기	가중치 평가점
1	-1	0	0	-154
2	0	-1	0	-427
3	0	0	-1	-535
4	1	-1	0	-149
5	1	0	-1	-315
6	0	1	-1	-57

그림 12.7 회귀분석의 실험표

이 표에 대하여 Excel의 분석 툴인 '회귀분석'을 실험하면 그림 12.8과 같이 회귀분석 결과를 구할 수 있습니다.

요약 출력

회귀분석 통계량	
다중 상관계수	0.997362
결정계수	0.994732
조정된 결정계수	0.98683
표준 오차	21.18077
관측수	6

분산 분석

	자유도	제곱합	제곱 평균	F 비	유의한 F
회귀	3	169419.6	56473.19	125.8806	0.007892
잔차	2	897.25	448.625		
계	5	170316.8			

	계수	표준 오차	t 통계량	P-값	하위 95%	상위 95%
Y 절편	87.5	21.18077	4.131106	0.053902	-3.6335	178.6335
이용하는데 유연성이 있다	245.25	18.34308	13.37016	0.005548	166.3261	324.1739
이용방법이 간단하다	496.25	25.94104	19.12992	0.002721	384.6347	607.8653
접근하기 쉬운 공간과 크기	637	35.12433	18.13558	0.003027	485.8722	788.1278

그림 12.8 회귀분석의 실험결과

이 결과에서 가중치 평가점을 나타내는 회귀식은 다음과 같습니다.

$$가중치\ 평가점 = 87.50 + \begin{cases} 0.00 \ (누구나\ 이용할\ 수\ 있다) \\ 245.25 \ (이용하는\ 데\ 유연성이\ 있다) \\ 496.25 \ (이용방법이\ 간단하다) \\ 637.00 \ (접근하기\ 쉬운\ 공간과\ 크기) \end{cases}$$

이 회귀식 각각의 항목에 대응하는 계수가 가중치 평가점에 대한 영향을 나타내고 있습니다. 즉, 이 계수가 큰 항목이면 중요도가 높은 것이 됩니다.

이 결과, 점포의 디자인에 있어서 유니버설 디자인의 4항목은 다음 순서와 같이 중요하다는 것을 알 수 있습니다.

접근하기 쉬운 공간과 크기 > 이용방법이 간단하다.
> 이용하는데 유연성이 있다.
> 누구나 이용할 수 있다.

그래프를 그려서 비교하고 싶은 경우는 각각의 항목을 선택했을 때의 가중치 평가점의 예측치를 이용하면 좋습니다. 위의 회귀식을 계산하면 항목마다의 가중치 평가점은 그림 12.9와 같이 예측됩니다.

항목	가중치 평가점
누구나 이용할 수 있다.	87.5
이용하는 데 유연성이 있다.	332.75
이용방법이 간단하다.	583.75
접근하기 쉬운 공간과 크기	724.5

그림 12.9 항목별 가중치 평가점의 예측치

이것을 원그래프로 나타내면 그림 12.10과 같이 한 눈에 중요도의 크기를 비교할 수 있습니다.

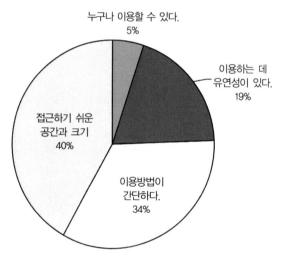

그림 12.10 항목별 가중치 평가점의 비교

12.3 연습문제

비슷한 사례로 일대비교법의 연습문제를 풀어봅시다.

예에서의 앙케트를 실시하여 무엇이 중요시되는지를 찾기 위해 후보가 되는 '포인트'를 들어 일대비교법의 앙케트를 계획하였습니다(유효한 앙케트를 위한 앙케트라는 이상한 앙케트지만 실제로 실시하여 응답을 모으는 것으로 하였다).

앙케트를 실시하며 중요시되는 포인트로써 '비용', '기간', '규모', '신뢰성' 4개를 주었습니다.

그림 12.1과 마찬가지로 그림 12.11과 같이 앙케트 표를 작성하여 앙케트를 실시하여 그림 12.12에 표시한 것과 같은 결과가 집계되었습니다. 중요도의 가중치 계수는 표 12.2를 이용합니다.

〈설문을 작성해주세요.〉

앙케이트를 실시할 때 중요시하는 항목으로 다음 4가지 포인트를 고려합니다.

● 비용
● 기간
● 규모
● 신뢰성

이에 대하여 다음의 1~6의 조합에 대해 비교 평가해주세요.
각각 '포인트 A'와 '포인트 B'의 어느 쪽이 어느 정도 중요한지를 비교하여, 해당되는 칸에 ○를 표시해주세요.

No.	포인트 A	(포인트 A 쪽)					(포인트 B 쪽)				포인트 B
		매우 중요	꽤 중요	중요	약간 중요	같다	약간 중요	중요	꽤 중요	매우 중요	
1	비용										기간
2	비용										규모
3	비용										신뢰성
4	기간										규모
5	기간										신뢰성
6	규모										신뢰성

그림 12.11 앙케트 표

No.	포인트 A	매우 중요	꽤 중요	중요	약간 중요	같다	약간 중요	중요	꽤 중요	매우 중요	포인트 B
1	비용	0	0	3	1	1	1	1	1	0	기간
2	비용	0	1	3	1	2	0	1	0	0	규모
3	비용	0	0	0	1	1	2	2	1	1	신뢰성
4	기간	0	2	1	2	1	1	1	0	0	규모
5	기간	0	0	0	0	1	5	1	1	0	신뢰성
6	규모	0	0	0	1	0	1	3	2	1	신뢰성

그림 12.12 앙케트의 집계결과

표 12.3 중요도의 가중치 계수

중요도의 회답 칸	매우 중요	꽤 중요	중요	약간 중요	같다	약간 중요	중요	꽤 중요	매우 중요
가중치	9	7	5	3	0	-3	-5	-7	-9

SUMPRODUCT 함수를 이용하여 각 행의 가중치 평가점을 그림 12.13과 같이 산출하였습니다.

No.	포인트 A	포인트 B	가중치 평가점
1	비용	기간	3
2	비용	규모	20
3	비용	신뢰성	-29
4	기간	규모	17
5	기간	신뢰성	-27
6	규모	신뢰성	-38

그림 12.13 가중치 평가점

'비용', '기간', '규모', '신뢰성' 4개의 항목과 포인트 A 및 포인트 B의 대응치를 그림 12.7과 같은 방법으로 실시하면 다음 표와 같습니다.

No.	비용	기간	규모	신뢰성	가중치 평가점
1	1	-1	0	0	3
2	1	0	-1	0	20
3	1	0	0	-1	-29
4	0	1	-1	0	17
5	0	1	0	-1	-27
6	0	0	1	-1	-38

그림 12.14 항목 조합의 수치화

이번에는 이 표에서 중복된 열로 '규모'의 열을 삭제하고, 그림 12.15와 같이 회귀분석의 실험표를 작성하였습니다.

No.	비용	기간	신뢰성	가중치 평가점
1	1	-1	0	3
2	1	0	0	20
3	1	0	-1	-29
4	0	1	0	17
5	0	1	-1	-27
6	0	0	-1	-38

그림 12.15 회귀분석의 실험표

이 표에 대하여 Excel의 분석 툴인 회귀분석을 실험하면, 그림 12.16의 회귀분석 결과를 구할 수 있습니다.

요약 출력

회귀분석 통계량	
다중 상관계수	0.997634
결정계수	0.995273
조정된 결정계수	0.988182
표준 오차	2.76134
관측수	6

분산 분석

	자유도	제곱합	제곱 평균	F 비	유의한 F
회귀	3	3210.75	1070.25	140.3607	0.007082
잔차	2	15.25	7.625		
계	5	3226			

	계수	표준 오차	t 통계량	P-값	하위 95%	상위 95%
Y 절편	5.5	2.76134	1.991786	0.184626	-6.38109	17.38109
비용	11.75	3.381937	3.47434	0.07379	-2.8013	26.3013
기간	12.75	2.391391	5.331625	0.033425	2.460676	23.03932
신뢰성	45	2.391391	18.8175	0.002812	34.71068	55.28932

그림 12.16 회귀분석의 결과

이 결과에서 가중치 평가점을 나타내는 회귀식은 다음과 같습니다.

$$가중치\ 평가점 = 5.50 + \begin{cases} 0.00\ (규모) \\ 11.25\ (비용) \\ 12.75\ (기간) \\ 45.00\ (신뢰성) \end{cases}$$

항목마다 계수의 크기로 앙케트를 실시하는 데 중요한 항목의 순서는 다음과 같다.

신뢰성 > 기간 > 비용 > 규모

각 항목에 대한 가중치 평가점의 예측치로 원그래프를 그려보면 그림 12.17과 같습니다.

항목	가중치 평가점
규모	5.5
비용	17.25
기간	18.25
신뢰성	50.5

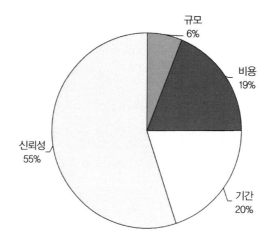

그림 12.17 항목별 가중치 평가점의 비교

이와 같이 일대비교법을 이용하면 전체의 순위를 간단한 조사항목만으로 구할 수가 있습니다. 앙케트 항목이 간단한 질문이거나, 응답자의 부담이 적은 것이 일대비교법의 큰 장점입니다. 그렇기 때문에 일대비교법은 조사하는 쪽에서도 스스럼없이 도입할 수 있는 방법입니다.

정리

· 일대비교법이란 복수의 대상에서 2개(1대1)를 추출하여 비교(1대1 비교)하여 얻은 결과로 복수의 대상에 대하여 순위를 매기는 방법입니다.
· 앙케트 항목이 간단하기 때문에 응답자에게 부담을 주지 않고 앙케트 조사를 계획할 수 있습니다.
· 일대비교법의 결과에 대한 분석은 회귀분석을 이용할 수 있습니다. Excel의 분석 툴인 회귀분석을 이용하면 쉽게 해석할 수 있습니다.

참고문헌

渕上美喜, 上田太一郎, 古谷都紀子, 『実戦ワークショップ Excel 徹底活用 ビジネスデータ分析』, 秀和システム.

부 록

여기서는 분산 분석표를 구하는 방법에 대한 해설 과 Excel을 사용한 문제 를 소개합니다.

EXCEL

다음 실험계획법 프로그램은 홈페이지에서 무료로 다운로드 받아 이용하세요.

① 손쉬운 할당시트
② anova17

부 록

A.1 분산 분석표를 구하는 방법

여기서는 일반적인 분산 분석표를 구하는 방법에 대하여 설명합니다. A.2의 연습문제를 풀 때 이용하기를 바랍니다.

A.1.1 일원 배치 데이터에서의 변동분해의 증명

우선 일원 배치 데이터의 경우에 변동분해를 증명하겠습니다.

공식

총제곱합(S_T) = A간 제곱합(S_A) + 오차제곱합(S_e)

데이터는 다음과 같습니다.

표 A.1 데이터

수준	A_1	A_2	$\cdots$	A_i	$\cdots$	A_a
반복 (n)	x_{11} x_{12} $\vdots$ x_{1n}	x_{21} x_{22} $\vdots$ x_{2n}	$\cdots$ $\cdots$ $\cdots$	x_{i1} x_{i2} $\vdots$ x_{in}	$\cdots$ $\cdots$ $\cdots$	A_{a1} A_{a2} $\vdots$ A_{an}
합	$x_{1\cdot}$	$x_{2\cdot}$	$\cdots$	$x_{i\cdot}$	$\cdots$	$A_{a\cdot}$
평균	$\overline{x}_1$	$\overline{x}_2$	$\cdots$	$\overline{x}_i$	$\cdots$	$\overline{x}_a$

그러면

$$x_{i.} = \sum_{j=1}^{n} x_{ij} = [A_i \text{ 수준에서의 데이터의 합}]$$

$$\overline{x}_{i.} = \frac{1}{n} x_{i.} = \frac{1}{n} \sum_{j=1}^{n} x_{ij} = [A_i \text{ 수준에서의 데이터의 평균치}]$$

$$x_{..} = \sum_{i=1}^{a} \sum_{j=1}^{n} x_{ij} = [\text{모든 데이터의 합}]$$

$$\overline{x}_{..} = \frac{1}{an} x_{..} = \frac{1}{an} \sum_{i=1}^{a} \sum_{j=1}^{n} x_{ij} = [\text{모든 데이터의 평균치}]$$

가 됩니다.

첨자에 '·(dot)'가 있으면 그곳에 있는 첨자에 대해 합이 취해 있음을 나타냅니다.

변수 x 위의 ¯(bar)는 평균값을 나타냅니다. 모든 데이터의 격차를 데이터에 격차를 주는 요인별로 분해하는 총제곱합의 분해를 고려합니다.

$$\sum_{i=1}^{a} \sum_{j=1}^{n} (x_{ij} - \overline{x}_{..})^2 \rightarrow \text{총제곱합} : S_T$$

로 합니다.

요인으로

$$A(A_1, A_2, \cdots, A_a) : \text{수준수 } a$$

로 합니다. 그러면,

$$\underbrace{\sum_{i=1}^{a}\sum_{j=1}^{n}(x_{ij}-\overline{x}_{..})^2}_{\text{총제곱합}(S_T)} \quad = \quad \underbrace{n\sum_{i=1}^{a}(x_{i.}-\overline{x}_{..})^2}_{\text{A간 제곱합}(S_A)} \quad + \quad \underbrace{\sum_{i=1}^{a}\sum_{j=1}^{n}(x_{ij}-\overline{x}_{i.})^2}_{\text{오차제곱합}(S_e)}$$

가 되는 것을 증명합니다.

증명

$$x_{ij}-\overline{x}_{..}=(\overline{x}_{i.}-\overline{x}_{..})+(x_{ij}-\overline{x}_{i.})$$

로 써서 이 양변을 2승하면

$$(x_{ij}-\overline{x}_{..})^2=(\overline{x}_{i.}-\overline{x}_{..})^2+(x_{ij}-\overline{x}_{i.})^2+2(\overline{x}_{i.}-\overline{x}_{..})(x_{ij}-\overline{x}_{i.})$$

양변의 i, j에 대한 합

$$\sum_{i=1}^{a}\sum_{j=1}^{n}$$

를 취합니다. 그러면

$$\text{좌변}=\sum_{i=1}^{a}\sum_{j=1}^{n}(x_{ij}-\overline{x})^2=S_T$$

우변의 제1항은

$$\sum_{i=1}^{a}\sum_{j=1}^{n}(x_{i.}-\overline{x}_{..})^2=n\sum_{i=1}^{a}(\overline{x}_{i.}-\overline{x}_{..})^2=S_A$$

우변의 제2항은

$$\sum_{i=1}^{a}\sum_{j=1}^{n}(x_{ij}-\overline{x}_{i.})^2 = S_e$$

우변의 제3항은

$$2\sum_{i=1}^{a}\sum_{j=1}^{n}(x_{i.}-\overline{x}_{..})(x_{ij}-\overline{x}_{i.}) = 2\sum_{i=1}^{a}(x_{i.}-\overline{x}_{..})\sum_{j=1}^{n}(x_{ij}-\overline{x}_{i.})$$

$$= 2\sum_{i=1}^{a}(x_{i.}-\overline{x}_{..})\underbrace{\left(\sum_{j=1}^{n}x_{ij}-n\overline{x}_{i.}\right)}_{0} = 0$$

증명종료

일원 배치의 경우를 증명하였습니다. 이원 배치, 삼원 배치의 경우도 같은 방식으로 증명할 수 있습니다. 다음은 분산 분석표를 작성하기 위한 순서를 설명합니다.

A.1.2 일원 배치의 경우에 분산 분석표

공식

$$S_T = S_A + S_e$$

$A : a$ 수준, n : 반복 수

로 합니다.

$S_T =$ 각각의 데이터 제곱의 합 $- CT$

$$CT = \frac{(\text{데이터의 합})^2}{\text{데이터의 개수}}$$

[주] CT를 수정항이라 부릅니다.

$$S_A = \frac{(A_1 \text{ 수준에서의 데이터의 합})^2}{A_1 \text{ 수준에서의 데이터 수}} + \frac{(A_2 \text{ 수준에서의 데이터의 합})^2}{A_2 \text{ 수준에서의 데이터 수}} + \cdots$$

$$+ \frac{(A_a \text{ 수준에서의 데이터의 합})^2}{A_a \text{ 수준에서의 데이터 수}} - CT$$

S_e 는 뺄셈으로 구합니다.

$$S_e = S_T - S_A$$

표 A.2 분산 분석표

변동요인	제곱합	자유도	평균 제곱(분산)	분산비(F_0)
A	S_A	$a-1$	$V_A = S_A/(a-1)$	V_A/V_e
오차	S_e	$a(n-1)$	$V_e = S_e/a(n-1)$	
합계	S_T	$an-1$		

A.1.3 반복 없는 이원 배치

공식

$$S_T = S_A + S_B + S_e$$

$$CT(\text{수정항}) = \frac{(\text{데이터의 합})^2}{\text{데이터의 개수}}$$

$S_T = $ 각각의 데이터 제곱의 합 $- CT$

$$S_A = \frac{(A_1 \text{ 수준에서의 데이터의 합})^2}{A_1 \text{ 수준에서의 데이터의 수}} + \cdots + \frac{(A_a \text{ 수준에서의 데이터의 합})^2}{A_a \text{ 수준에서의 데이터의 수}} - CT$$

$$S_B = \frac{(B_1 \text{ 수준에서의 데이터의 합})^2}{B_1 \text{ 수준에서의 데이터의 수}} + \cdots + \frac{(B_b \text{ 수준에서의 데이터의 합})^2}{B_b \text{ 수준에서의 데이터의 수}} - CT$$

$$S_e = S_T - S_A - S_B$$

표 A.3 분산 분석표의 일반형

변동요인	제곱합※	자유도	평균 제곱(분산)	분산비(F_0)
A	S_A	$a-1$	$S_A/(a-1) = V_A$	V_A/V_e
B	S_B	$b-1$	$S_B/(b-1) = V_B$	V_B/V_e
오차	S_e	$(a-1)(b-1)$	$S_e/(a-1)(b-1) = V_e$	
합계	S_T	$ab-1$		

※ 변동을 제곱합으로도 부릅니다.

A.1.4 반복 있는 이원 배치

공식

$$S_T = S_A + S_B + S_{A*B} + S_e$$

$A : a$ 수준, $B : b$ 수준

으로 합니다.

반복 있는 경우는 S_A와 S_B의 교호작용항을 구합니다. 가상인자(합성인자)의 변동 S_{AB}를 구하는 것이 요령입니다.

$S_T = S_{AB} + S_e$

S_{AB}는 가상인자(합성인자)

$$S_{AB} = S_A + S_B + S_{A*B}$$

$$CT(\text{수정항}) = \frac{(\text{데이터의 합})^2}{\text{데이터의 개수}}$$

$$S_T = \text{각각의 데이터 제곱의 합} - CT$$

$$S_A = \frac{(A_1\text{ 수준에서의 데이터의 합})^2}{A_1\text{ 수준에서의 데이터의 수}} + \cdots + \frac{(A_a\text{ 수준에서의 데이터의 합})^2}{A_a\text{ 수준에서의 데이터의 수}} - CT$$

$$S_B = \frac{(B_1\text{ 수준에서의 데이터의 합})^2}{B_1\text{ 수준에서의 데이터의 수}} + \cdots + \frac{(B_b\text{ 수준에서의 데이터의 합})^2}{B_b\text{ 수준에서의 데이터의 수}} - CT$$

$$S_{AB} = \frac{(A_1 B_1\text{ 수준에서의 데이터의 합})^2}{A_1 B_1\text{ 수준에서의 데이터의 수}} + \cdots + \frac{(A_a B_b\text{ 수준에서의 데이터의 합})^2}{A_a B_b\text{ 수준에서의 데이터의 수}} - CT$$

로 하면,

$$S_{A*B} = S_{AB} - S_A - S_B$$

$$S_e = S_T - S_{AB}$$

입니다.

표 A.4 분산 분석표의 일반형

변동요인	제곱합	자유도	평균 제곱(분산)	분산비(F_0)
A	S_A	$a-1$	$S_A/(a-1) = V_A$	V_A/V_e
B	S_B	$b-1$	$S_B/(b-1) = V_B$	V_B/V_e
$A*B$	S_{A*B}	$(a-1)(b-1)$	$S_{A*B}/(a-1)(b-1) = V_{A*B}$	V_{A*B}/V_e
오차	S_e	$ab(n-1)$	$S_e/ab(n-1) = V_e$	
합계	S_T	$abn-1$		

※ n : 반복수

A.1.5 반복 없는 삼원 배치

공식

$$S_T = S_A + S_B + S_C + S_{A*B} + S_{A*C} + S_{B*C} + S_e$$

$A : a$ 수준, $B : b$ 수준, $C : c$ 수준

으로 합니다.

각 변동을 구하는 방법은 반복 있는 이원 배치와 같습니다.

표 A.5 분산 분석표의 일반형

변동요인	제곱합	자유도	평균 제곱(분산)	분산비(F_0)
A	S_A	$a-1$	V_A	V_A/V_e
B	S_B	$b-1$	V_B	V_B/V_e
C	S_C	$c-1$	V_C	V_C/V_e
$A*B$	S_{A*B}	$(a-1)(b-1)$	V_{A*B}	V_{A*B}/V_e
$A*C$	S_{A*C}	$(a-1)(c-1)$	V_{A*C}	V_{A*C}/V_e
$B*C$	S_{B*C}	$(b-1)(c-1)$	V_{B*C}	V_{B*C}/V_e
오차	S_e	$(a-1)(b-1)(c-1)$	V_e	
합계	S_T	$abc-1$		

A.1.6 반복 있는 삼원 배치

마지막으로 반복 있는 삼원 배치의 분산 분석표를 구하는 방법을 설명합니다.

공식

$$S_T = S_A + S_B + S_C + S_{A*B} + S_{A*C} + S_{B*C} + S_{A*B*C} + S_e$$

$A : a$ 수준, $B : b$ 수준, $C : c$ 수준

으로 합니다.

구하는 방법은 반복 있는 삼원 배치와 같습니다.

가상인자(합성인자) ABC의 S_{ABC}는 다음과 같습니다.

$$S_{ABC} = S_A + S_B + S_C + S_{A*B} + S_{A*C} + S_{B*C} + S_{A*B*C}$$

S_{A*B*C}는

$$S_{A*B*C} = S_{ABC} - S_A - S_B - S_C - S_{A*B} - S_{A*C} - S_{B*C}$$

로 하여 계산합니다.

$$S_{ABC} = \frac{(A_1B_1C_1\,\text{수준에서의 데이터의 합})^2}{A_1B_1C_1\,\text{수준에서의 데이터의 수}} + \frac{(A_1B_1C_2\,\text{수준에서의 데이터의 합})^2}{A_1B_1C_2\,\text{수준에서의 데이터의 수}}$$

$$+ \cdots + \frac{(A_aB_bC_c\,\text{수준에서의 데이터의 합})^2}{A_aB_bC_c\,\text{수준에서의 데이터의 수}} - CT$$

표 A.6 분산 분석표의 일반형

변동요인	제곱합	자유도	평균 제곱(분산)	분산비(F_0)
A	S_A	$a-1$	V_A	V_A/V_e
B	S_B	$b-1$	V_B	V_B/V_e
C	S_C	$c-1$	V_C	V_C/V_e
$A*B$	S_{A*B}	$(a-1)(b-1)$	V_{A*B}	V_{A*B}/V_e
$A*C$	S_{A*C}	$(a-1)(c-1)$	V_{A*C}	V_{A*C}/V_e
$B*C$	S_{B*C}	$(b-1)(c-1)$	V_{B*C}	V_{B*C}/V_e
$A*B*C$	S_{A*B*C}	$(a-1)(b-1)(c-1)$	V_{A*B*C}	V_{A*B*C}/V_e
오차	S_e	$abc(n-1)$	V_e	
합계	S_T	$abcn-1$		

※ n : 반복수

[주] 직교표 실험데이터의 분산 분석표도 같은 방법으로 작성할 수 있습니다. 포인트는 이 원표를 작성하는 것입니다.

A.2 연습문제

종이와 연필과 Excel을 사용하여 해답에 도전하면서 실력을 키워봅시다.

A.2.1 연습문제 1

신제품을 출시하게 되었습니다. 광고수단으로 신문, TV, Auto call을 생각하였습니다. 효과를 정량적으로 파악하기 위해서는 어떻게 하면 좋을까요? 시기와 함께 매상이 향상하는 기간 효과도 있습니다. 또, 지역에 따라 매상이 다른 지역효과도 있습니다. 이 3개의 효과를 정량적으로 파악하려면 어떻게 하면 좋을까요?

라틴 방진이 하나의 방법입니다. 다음과 같이 할당합니다.

		지역				판촉법
		A지구	B지구	C지구		
기간	1주째	신문	TV	Auto call	신문	
	2주째	TV	Auto call	신문	TV	
	3주째	Auto call	신문	TV	Auto call	

그림 A.1 할당방법

실제 데이터는 다음과 같습니다.

		지역				판촉법
		A지구	B지구	C지구		
기간	1주째	29	34	40	신문	
	2주째	37	45	36	TV	
	3주째	49	40	39	Auto call	

그림 A.2 실제 데이터

※ 예를 들면, 29는 1주째, A지구에서 광고방법은 신문인 것을 나타내고 있다.

문제

(1) 위의 데이터를 계획행렬로 나타내시오.

(2) 위의 데이터에 대하여 분산 분석표를 작성하시오.

(3) 계획행렬을 회귀분석 모델로 해석하시오.

해답 (1)

위의 데이터를 계획행렬로 나타내면 다음과 같습니다.

No.	기간	지역	판촉법	매출
1	1주째	A지구	신문	29
2	2주째	A지구	TV	37
3	3주째	A지구	Auto call	49
4	1주째	B지구	TV	34
5	2주째	B지구	Auto call	45
6	3주째	B지구	신문	40
7	1주째	C지구	Auto call	40
8	2주째	C지구	신문	36
9	3주째	C지구	TV	39

그림 A.3 계획행렬

해답 (2)

분산 분석표는 다음과 같습니다.

분산 분석

변동요인	제곱합	자유도	제곱평균(분산)	F비(분산비)	P-값	F기각치
기간	105.56	2	52.778	16.964	0.056	19
지역	3.56	2	1.778	0.571	0.636	19
판촉법	160.22	2	80.111	25.750	0.037	19
잔차	6.222	2	3.111			
계	275.556	8				

그림 A.4 분산 분석표

해답 (3) 회귀분석

지역의 위험률(P-값)은 63.6%로 효과가 없으므로 삭제하면, 회귀분석 실험용 데이터는 다음과 같습니다.

No.	2주째	3주째	TV	Auto call	데이터
1	0	0	0	0	29
2	1	0	1	0	37
3	0	1	0	1	49
4	0	0	1	0	34
5	1	0	0	1	45
6	0	1	0	0	40
7	0	0	0	1	40
8	1	0	0	0	36
9	0	1	1	0	39

그림 A.5 회귀분석용 데이터

실험결과는 다음과 같습니다.

요약 출력

회귀분석 통계량	
다중 상관계수	0.982
결정계수	0.965
조정된 결정계수	0.929
표준 오차	1.563
관측수	9

분산 분석

	자유도	제곱합	제곱 평균	F 비	유의한 F
회귀	4	265.78	66.44	27.18	0.003688
잔차	4	9.78	2.44		
계	8	275.56			

	계수	표준 오차	t 통계량	P-값	하위 95%	상위 95%	하위 95.0%	상위 95.0%
Y 절편	30.56	1.165	26.220	1.26E-05	27.320	33.791	27.320	33.791
2주째	5.00	1.277	3.917	0.017295	1.456	8.544	1.456	8.544
3주째	8.33	1.277	6.528	0.002844	4.789	11.878	4.789	11.878
TV	1.67	1.277	1.306	0.261722	-1.878	5.211	-1.878	5.211
Auto call	9.67	1.277	7.572	0.001631	6.122	13.211	6.122	13.211

그림 A.6 회귀분석 결과

회귀식은 다음과 같이 쓸 수 있습니다.

$$
\text{매출액} \quad y = 30.56 + \begin{cases} 0.00 \ (1주간) \\ 1.03 \ (2주간) \\ 8.33 \ (3주간) \end{cases} \overset{\text{기간}}{} + \begin{cases} 0.00 \ (신문) \\ 1.67 \ (TV) \\ 9.67 \ (Auto\ call) \end{cases} \overset{\text{판촉방법}}{}
$$

A.2.2 연습문제 2

문제

연습문제 1과 같은 3×3 라틴 방진 실험계획법 데이터의 분산 분석표를 자동으로 작성하는 Excel의 계산 시트(프로그램)를 작성하시오.

해답

해답은 홈페이지 도서출판 씨아이알–자료실(http://www.circom.co.kr)에서 다운로드 후 확인할 수 있습니다.

A.2.3 연습문제 3

생일날에 근사한 데이트를 생각합니다. 상대 남성의 나이는 {동년배, 연상}, 행선지는 {도심, 바다}, 식당은 {일식, 이탈리아} 그리고 바는 {야경, 라이브공연, 다트}가 후보입니다. 어느 조합을 가장 좋아하는지 설문으로 조사하였습니다.

		수준		
		제1수준	제2수준	제3수준
요인	바	야경	다트	라이브 공연
	행선지	도심	바다	
	상대의 연령	동년배	연상	
	식당	일본식	이탈리아	

그림 A.7 할당

No.	바	행선지	상대의 연령	식당	데이터
1	야경	도심	동년배	일본식	8.0
2	야경	바다	연상	이탈리아	8.3
3	다트	도심	동년배	이탈리아	9.2
4	다트	바다	연상	일본식	9.5
5	라이브 공연	도심	연상	일본식	8.9
6	라이브 공연	바다	동년배	이탈리아	8.3
7	다트	도심	연상	이탈리아	9.6
8	다트	바다	동년배	일본식	9.3

그림 A.8 앙케트 결과(계획행렬)

데이터(만족도)는 10명이 10점 만점으로 응답한 평균치입니다.

문제

(1) 분산 분석표를 작성하시오.

(2) 만족도를 나타내는 회귀식을 구하시오.

해답 (1)

분산 분석은 다음과 같습니다.

분산 분석표

변동요인	제곱합	자유도	제곱평균(분산)	F비(분산비)	P-값	F기각치
바	2.30375	2	1.152	108.412	0.009	19.00
행선지	0.011	1	0.011	1.059	0.412	18.51
상대의 연령	0.28125	1	0.281	26.471	0.036	18.51
식당	0.01125	1	0.011	1.059	0.412	18.51
잔차	0.02	2	0.011			
계	2.629	7				

그림 A.9 분산 분석

해답 (2) 회귀식

행선지와 식당은 요인으로써 효과가 없으므로 삭제하면, 회귀분석 실험용 데이터는 다음과 같습니다.

No.	다트	라이브 공연	연상	데이터
1	0	0	0	8.0
2	0	0	1	8.3
3	1	0	0	9.2
4	1	0	1	9.5
5	0	1	1	8.9
6	0	1	0	8.3
7	1	0	1	9.6
8	1	0	0	9.3

그림 A.10 회귀분석 실험용 데이터

회귀분석을 실험한 결과는 다음과 같습니다.

요약 출력

회귀분석 통계량	
다중 상관계수	0.992
결정계수	0.983
조정된 결정계수	0.971
표준 오차	0.105
관측수	8

분산 분석

	자유도	제곱합	제곱 평균	F 비	유의한 F
회귀	3	2.585	0.861667	78.78095	0.000516
잔차	4	0.044	0.010938		
계	7	2.629			

	계수	표준 오차	t 통계량	P-값	하위 95%	상위 95%	하위 95.0%	상위 95.0%
Y 절편	7.963	0.083	96.305	6.97E-08	7.733	8.192	7.733	8.192
다트	1.250	0.091	13.801	0.00016	0.999	1.501	0.999	1.501
라이브 공연	0.450	0.105	4.303	0.012617	0.160	0.740	0.160	0.740
연상	0.375	0.074	5.071	0.007126	0.170	0.580	0.170	0.580

그림 A.11 회귀분석 실험결과

만족도를 나타내는 식은

$$\text{매출액 } y = 7.96 + \overset{\text{바}}{\begin{cases} 0.00 \ (\text{야경}) \\ 0.45 \ (\text{다트}) \\ 1.25 \ (\text{라이브 공연}) \end{cases}} + \overset{\text{상대의 연령}}{\begin{cases} 0.00 \ (\text{동년배}) \\ 0.375 \ (\text{연상}) \end{cases}}$$

로 쓸 수 있습니다.

A.2.4 연습문제 4

문제

연습문제 3과 같은 분산 분석표를 자동으로 작성하는 Excel의 계산 시트(프로그램)를 작성하시오.

해답

해답은 홈페이지 도서출판 씨아이알-자료실(http://www.circom.co.kr)에서 다운로드 후
확인할 수 있습니다.

A.2.5 연습문제 5

다음은 L_4 직교표입니다.

표 A.7 L_4 직교표

No.	1열	2열	3열	데이터
1	1	1	1	y_1
2	1	2	2	y_2
3	2	1	2	y_3
4	2	2	1	y_4
	a	b	ab	

문제

1열과 2열의 교호작용이 3열에 나타나는 것을 증명하시오.

해답

$$CT(\text{수정항}) = \frac{(y_1 + y_2 + y_3 + y_4)^2}{4}$$

$$S_A = \frac{(y_1 + y_2)^2}{2} + \frac{(y_3 + y_4)^2}{2} - CT$$

$$S_B = \frac{(y_1 + y_3)^2}{2} + \frac{(y_2 + y_4)^2}{2} - CT$$

$$S_C = \frac{(y_1 + y_4)^2}{2} + \frac{(y_2 + y_3)^2}{2} - CT$$

$$S_{AB} = y_1{}^2 + y_2{}^2 + y_3{}^2 + y_4{}^2 - CT$$

$S_{A*B} = S_{AB} - S_A - S_B = S_C$가 성립되는 것을 나타내면 됩니다.

$S_{AB} - S_A - S_B$

$$= (y_1{}^2 + y_2{}^2 + y_3{}^2 + y_4{}^2 - CT) - \left(\frac{(y_1 + y_2)^2}{2} + \frac{(y_3 + y_4)^2}{2} - CT \right)$$

$$- \left(\frac{(y_1 + y_3)^2}{2} + \frac{(y_2 + y_4)^2}{2} - CT \right)$$

$$= (2y_1{}^2 + 2y_2{}^2 + 2y_3{}^2 + 2y_4{}^2 - 2CT - y_1{}^2 - 2y_1 y_2 - y_2{}^2 - y_3{}^2 - 2y_3 y_4$$

$$- y_4 - y_1{}^2 - 2y_1 y_3 - y_3{}^2 - y_2{}^2 - 2y_2 y_4 - y_4{}^2 + 4CT)/2$$

$$= (2y_1{}^2 + 2y_2{}^2 + 2y_3{}^2 + 2y_4{}^2 - 2CT - y_1{}^2 - 2y_1 y_2 - y_2{}^2 - y_3{}^2 - 2y_3 y_4$$

$$- y_4 - y_1{}^2 - 2y_1 y_3 - y_3{}^2 - y_2{}^2 - 2y_2 y_4 - y_4{}^2 + y_1{}^2 + y_2{}^2 + y_3{}^2 + y_4{}^2$$

$$+ 2y_1 y_2 + 2y_1 y_3 + 2y_1 y_4 + 2y_2 y_3 + 2y_2 y_4 + 2y_3 y_4)/2$$

$$= \frac{y_1{}^2 + 2y_1 y_4 + y_4{}^2 + y_2{}^2 + 2y_2 y_3 + y_3{}^2 - 2CT}{2}$$

$$= \frac{(y_1 + y_4)^2}{2} + \frac{(y_2 + y_3)^2}{2} - CT$$

$$= S_c$$

증명완료

[주] L_8 직교표에 있어서도 데이터를 $y_1 \sim y_8$로 하여 1열과 2열의 교호작용을 3열에 나타내는 것을 증명할 수 있지만, 계산이 복잡하여 생략합니다. 그래도 한 번 도전해보십시오.

A.2.6 연습문제 6

어떤 전자 Booklet을 좋아합니까? 다음과 같은 요인과 수준을 생각하였습니다.

	수준	
	제1수준	제2수준
쪽수	60쪽	50쪽
요인 문장	흑백도 좋다.	컬러가 좋다.
삽화	풍부	필요 최소한
데이터	붙어 있다.	붙어 있지 않다.

그림 A.12 요인과 수준

이것을 L_8 직교표에 할당하였습니다. 8개의 조합에 대하여 25명을 대상으로 앙케트를 실시하였습니다.

No.	쪽수	문장	삽화	데이터	데이터
1	60쪽	흑백도 좋다.	풍부	붙어 있다.	7.730
2	60쪽	흑백도 좋다.	필요 최소한	붙어 있지 않다.	1.900
3	60쪽	컬러가 좋다.	풍부	붙어 있지 않다.	2.620
4	60쪽	컬러가 좋다.	필요 최소한	붙어 있다.	7.720
5	50쪽	흑백도 좋다.	풍부	붙어 있지 않다.	2.000
6	50쪽	흑백도 좋다.	필요 최소한	붙어 있다.	5.820
7	50쪽	컬러가 좋다.	풍부	붙어 있다.	9.310
8	50쪽	컬러가 좋다.	필요 최소한	붙어 있지 않다.	1.900

그림 A.13 앙케트

이 표를 보는 방법은 다음과 같습니다. 예를 들면 No.1은 페이지 수는 60쪽, 문장은 흑백, 삽화는 풍부, 데이터는 붙어 있다. 이 조합에 응답하여 준 27명의 평균치는 7.73.

문제

(1) 위의 데이터에 대하여 분산 분석표를 작성하시오.

(2) 계획행렬을 회귀분석 모델로 해석하시오.

해답 (1)

분산 분석표는 다음과 같습니다.

분산 분석표

변동요인	제곱합	자유도	제곱평균(분산)	F비(분산비)	P-값	F기각치
쪽수	0.1105	1	0.110	0.172	0.707	10.128
문장	2.1012	1	2.101	3.264	0.169	10.128
삽화	2.3328	1	2.333	3.623	0.153	10.128
데이터	61.3832	1	61.383	95.340	0.002	10.128
잔차	1.9315	3	0.644			
계	67.859	7				

그림 A.14 분산 분석표

해답 (2) 회귀분석

요인인 페이지 수는 위험률이 70.7%로 크기 때문에 삭제합니다. 요인인 문장의 위험률은 16.9%, 삽화는 15.3%입니다. 15%보다 크기 때문에 요인으로 남겨둡니다. 그러면 회귀분석 실험용 데이터는 다음과 같습니다.

No.	컬러가 좋다	풍부	붙어 있다	데이터
1	0	1	1	7.73
2	0	0	0	1.90
3	1	1	0	2.62
4	1	0	1	7.72
5	0	1	0	2.00
6	0	0	1	5.82
7	1	1	1	9.31
8	1	0	0	1.90

그림 A.15 회귀분석 실험용 데이터

요약 출력

회귀분석 통계량	
다중 상관계수	0.985
결정계수	0.970
조정된 결정계수	0.947
표준 오차	0.714
관측수	8

분산 분석

	자유도	제곱합	제곱 평균	F 비	유의한 F
회귀	3	65.817	21.939	42.977	0.002
잔차	4	2.042	0.510		
계	7	67.859			

	계수	표준 오차	t 통계량	P-값	하위 95%	상위 95%	하위 95.0%	상위 95.0%
Y 절편	1.05	0.505	2.083	0.105632	-0.350	2.455	-0.350	2.455
컬러가 좋다	1.03	0.505	2.029	0.112362	-0.378	2.428	-0.378	2.428
풍부	1.08	0.505	2.138	0.099345	-0.323	2.483	-0.323	2.483
붙어 있다	5.54	0.505	10.966	0.000393	4.137	6.943	4.137	6.943

그림 A.16 회귀분석 실험결과

회귀분석 실험결과와 회귀식은 다음과 같습니다.

$$y = 1.05 + \begin{cases} 0.00 \ (\text{흑백도 좋다}) \\ \underline{1.03} \ (\text{컬러가 좋다}) \end{cases} + \begin{cases} 0.00 \ (\text{필요 최저한}) \\ \underline{1.08} \ (\text{풍부}) \end{cases} + \begin{cases} 0.00 \ (\text{붙어 있지 않다}) \\ \underline{5.54} \ (\text{붙어 있다}) \end{cases}$$

문장　　　　　　삽화　　　　　　데이터

A.2.7 연습문제 7

문제

연습문제 6과 같은 L_8 직교표 실험계획법 데이터의 분산 분석표를 자동으로 작성하는 Excel의 계산 시트(프로그램)를 작성하시오.

해답

해답은 홈페이지 도서출판 씨아이알-자료실(http://www.circom.co.kr)에서 다운로드 후 확인할 수 있습니다.

A.3 실험계획법 프로그램

실험계획법 프로그램은 손쉬운 작성 시트와 anova17로 구성되어 있습니다.

홈페이지(http://www.circom.co.kr)에서 파일을 다운로드하면 다음과 같은 내용의 파일이 수록되어 있습니다.

일원 배치		3수준	4수준			분산 분석표의 개수
		○	○			2
이원배치	반복수=1	2×3 ○	2×4 ○	3×3 ○	4×4 ○	4
	반복수=2	2×3 ○	2×4 ○	3×3 ○	4×4 ○	4
삼원배치	반복수=1	2×3×3 ○	2×3×4 ○	3×3×3 ○	3×3×4 ○	4
라틴 방진		3×3 ○				1
직교표		L8 ○				2

합계　　17

찾아보기

영업·기획·마케팅을 위한
엑셀로 배우는 실험계획법

초판인쇄 2014년 5월 7일
초판발행 2014년 5월 14일

저　　자 후치가미 미키, 우에다 카즈아키, 콘도 히로시, 타카하시 레이코
역　　자 황승현
펴 낸 이 김성배
펴 낸 곳 도서출판 씨아이알

책임편집 박영지, 이지숙
디 자 인 김나리, 하초롱
제작책임 황호준

등록번호 제2-3285호
등 록 일 2001년 3월 19일
주　　소 100-250 서울특별시 중구 필동로8길 43(예장동 1-151)
전화번호 02-2275-8603(대표)　　**팩스번호** 02-2275-8604
홈페이지 www.circom.co.kr

ISBN 979-11-5610-039-3 93310
정가 20,000원

여러분의 원고를 기다립니다.

도서출판 씨아이알은 좋은 책을 만들기 위해 언제나 최선을 다하고 있습니다. 토목·해양·환경·건축·전기·전자·기계·불교·철학 분야의 좋은 원고를 집필하고 계시거나 기획하고 계신 분들. 그리고 소중한 외서를 소개해주고 싶으신 분들은 언제든 도서출판 씨아이알로 연락 주시기 바랍니다. 도서출판 씨아이알의 문은 날마다 활짝 열려 있습니다.

출판문의처: cool3011@circom.co.kr
        02)2275-8603(내선 605)

≪ 도서출판 씨아이알의 도서소개 ≫
※ 문화체육관광부의 우수학술도서로 선정된 도서입니다.
† 대한민국학술원의 우수학술도서로 선정된 도서입니다.

토목공학

엑셀로 배우는 토질역학(엑셀강좌시리즈 8)
요시미네 미츠토시 저 / 전용배 역 / 2014년 4월 / 236쪽(신국판) / 18,000원

암반분류
Bhawani Singh, R.K. Goel 저 / 장보안, 강성승 역 / 2014년 3월 / 552쪽(신국판) / 28,000원

건설계측의 이론과 실무
우종태, 이래철 공저 / 2014년 3월 / 468쪽(사륙배판) / 28,000원

지반공학에서의 성능설계
아카기 히로카즈(赤木 寬一), 오오토모 케이조우(大友 敬三), 타무라 마사히토(田村 昌仁), 코미야 카즈히토(小宮 一仁) 저 / 이성혁, 임유진, 조국환, 이진욱, 최찬용, 김현기, 이성진 역 / 2014년 3월 / 448쪽(155*234) / 26,000원

엑셀로 배우는 셀 오토매턴 (엑셀강좌시리즈 7)
기타 에이스케(北 栄輔), 와키타 유키코(脇田 佑希子) 저 / 이종원 역 / 2014년 3월 / 244쪽(신국판) / 18,000원

재미있는 터널 이야기
오가사와라 미츠마사(小笠原光雅), 사카이 구니토(酒井邦登), 모리카와 세이지(森川誠司) 저 / 2014년 3월 / 268쪽(신국판) / 16,000원

토질역학(제4판)
이상덕 저 / 2014년 3월 / 716쪽(사륙배판) / 30,000원

지질공학
백환조, 박형동, 여인욱 저 / 2014년 3월 / 308쪽(155*234) / 20,000원

토질역학(제2판)
김규문, 양태선, 전성곤, 정진교 저 / 2014년 2월 / 412쪽(사륙배판) / 24,000원

내파공학
Goda Yoshimi 저 / 김남형, 양순보 역 / 2014년 2월 / 660쪽(사륙배판) / 32,000원

미학적으로 교량 보기
문지영 저 / 2014년 2월 /372쪽(사륙배판) / 28,000원

지반공학 수치해석을 위한 가이드라인
신종호, 이용주, 이철주 역 / D. Potts, K. Axelsson, L. Grande, H. Schweiger, M. Long 저 / 2014년 1월 / 356쪽(사륙배판) / 28,000원

흐름 해석을 위한 유한요소법 입문
나카야마 츠카사(中山司) 저 / 2013년 12월 / 300쪽(신국판) / 20,000원

암반역학의 원리(제2판)
이인모 저 / 2013년 12월 / 412쪽(사륙배판) / 28,000원

토질역학의 원리(제2판)
이인모 저 / 2013년 12월 / 608쪽(사륙배판) / 30,000원

터널의 지반공학적 원리(제2판)
이인모 저 / 2013년 12월 / 460쪽(사륙배판) / 28,000원

댐의 안전관리
이이다 류우이치(飯田隆一) 저 / 박한규, 신동훈 역 / 2013년 12월 / 220쪽(155*234) / 18,000원

댐 및 수력발전 공학(개정판)
이응천 저 / 468쪽(사륙배판) / 2013년 12월 / 30,000원

(뉴패러다임 실무교재) 지반역학
시바타 토오루(柴田 徹) 저 / 이성혁, 임유진, 최찬용, 이진욱, 엄기영, 김현기 역 / 2013년 12월 / 424쪽(155*234) / 25,000원

Civil BIM with Autodesk Civil 3D
강태욱, 채재현, 박상민 저 / 2013년 11월 / 340쪽(155*234) / 24,000원

알기 쉬운 구조역학(제2판)
김경승 저 / 2013년 10월 / 528쪽(182*257) / 25,000원

새로운 보강토옹벽의 모든 것
종합토목연구소 저 / 한국시설안전공단 시설안전연구소 역 / 2013년 10월 / 536쪽(사륙배판) / 30,000원

응용지질 암반공학
김영근 저 / 2013년 10월 / 436쪽(사륙배판) / 28,000원

터널과 지하공간의 혁신과 성장
그레이엄 웨스트(Graham West) 저 / 한국터널지하공간학회 YE위원회 역 / 2013년 10월 / 472쪽(155*234) / 23,000원

터널공학
Dimitrios Kolymbas 저 / 선우춘, 박인준, 김상환, 유광호, 유충식, 이승호, 전석원, 송명규 역 / 2013년 8월 / 440쪽(사륙배판) / 28,000원

터널 설계와 시공
김재동, 박연식 저 / 2013년 8월 / 376쪽(사륙배판) / 22,000원

터널역학
이상덕 저 / 2013년 8월 / 1184쪽(사륙배판) / 60,000원

철근콘크리트 역학 및 설계(개정 3판)
윤영수 저/ 2013년 8월 / 600쪽(사륙배판) / 28,000원

토질공학의 길잡이(제3판)
임종철 저 / 2013년 7월 / 680쪽(신국판 변형) / 27,000원

지반설계를 위한 유로코드 7 해설서
Andrew Bond, Andrew Harris 저 / 이규환, 김성욱, 윤길림, 김태형, 김홍연, 김බ주, 신동훈, 박종배 역 / 2013년 6월 / 696쪽(신국판) / 35,000원

옹벽·암거의 한계상태설계
오카모토 히로아키(岡本寬昭) 저 / 황승현 역 / 2013년 6월 / 208쪽(신국판) / 18,000원

건설의 LCA
이무라 히데후미(井村 秀文) 편저 / 전용배 역 / 2013년 5월 / 384쪽(신국판) / 22,000원

건설문화를 말하다
노관섭, 박근수, 백용, 이현동, 전우훈 저 / 2013년 3월 / 160쪽(신국판) / 14,000원

건설현장 실무자를 위한 연약지반 기본이론 및 실무
박태영, 정종홍, 김홍종, 이봉직, 백승철, 김낙영 저 / 2013년 3월 / 248쪽(신국판) / 20,000원

지질공학
Luis I. González de Vallejo, Mercedes Ferrer, Luis Ortuño, Carlos Oteo 저 / 장보안, 박혁진, 서용석, 엄정기, 최정찬, 조호영, 김영석, 구민호, 윤운상, 김학준, 정교철, 채병곤, 우 익 역 / 2013년 3월 / 808쪽(국배판) / 65,000원

유목과 재해
코마츠 토시미츠 감수 / 야마모토 코우이치 편집 / 재단법인 하천환경관리재단 기획 / 한국시설안전공단 시설안전연구소 유지관리기술그룹 역 / 2013년 3월 / 304쪽(사륙배판) / 25,000원

Q&A 흙은 왜 무너지는가?
Nikkei Construction 편저 / 백용, 장범수, 박종호, 송평현, 최경집 역 / 2013년 2월 / 304쪽(사륙배판) / 30,000원

BIM 상호운용성과 플랫폼
강태욱, 유기찬, 최현상, 홍창희 저 / 2013년 1월 / 204쪽(신국판) / 20,000원

상상 그 이상, 조선시대 교량의 비밀
문지영 저 / 2012년 12월 / 384쪽(신국판) / 23,000원

인류와 지하공간
한국터널지하공간학회 저 / 2012년 11월 / 368쪽(신국판) / 18,000원

재킷공법 기술 매뉴얼
(재)연안개발기술연구센터 저 / 박우선, 안희도, 윤용직 역 / 2012년 10월 / 372쪽(사륙배판) / 22,000원

토목지질도 작성 매뉴얼
일본응용지질학회 저 / 서용석, 정교철 김광염 역 / 2012년 10월 / 312쪽(국배판) / 36,000원

엑셀을 이용한 수치계산 입문
카와무라 테츠야 저 / 황승현 역 / 2012년 8월 / 352쪽(신국판) / 23,000원

관리형 폐기물 매립호안 설계·시공·관리 매뉴얼(개정판)
(재)항만공간고도화 환경연구센터(WAVE) 저 / 권오순, 오명학, 채광석 역 / 안희도 감수 / 2012년 8월 / 240쪽(사륙배판) / 20,000원

강구조설계(5판 개정판)
William T. Segui 저 / 백성용, 권영봉, 배두병, 최광규 역 / 2012년 8월 / 728쪽(사륙배판) / 32,000원

지반기술자를 위한 지질 및 암반공학 III
(사)한국지반공학회 저 / 2012년 8월 / 824쪽(사륙배판) / 38,000원

수처리기술
쿠리타공업(주) 저 / 고인준, 안창진, 원홍연, 박종호, 강태우, 박종문, 양민수 역 / 2012년 7월 / 176쪽(신국판) / 16,000원

엑셀을 이용한 구조역학 공식예제집
IT환경기술연구회 저 / 다나카 슈조 감수 / 황승현 역 / 2012년 6월 / 344쪽(신국판) / 23,000원

풍력발전설비 지지구조물 설계지침·동해설 2010년판
일본토목학회구조공학위원회 풍력발전설비 동적해석/구조설계 소위원회 저 / 송명관, 양민수, 박도현, 전종호 역 / 장경호, 윤영화 감수 / 2012년 6월 / 808쪽(사륙배판) / 48,000원

엑셀을 이용한 토목공학 입문
IT환경기술연구회 저 / 다나카 슈조 감수 / 황승현 역 / 2012년 5월 / 220쪽(신국판) / 18,000원

엑셀을 이용한 지반재료의 시험·조사 입문
이시다 테츠로 편저 / 다츠이 도시미, 나카가와 유키히로, 다나카 히로시, 히다노 마사히데 저 / 황승현 역 / 2012년 3월 / 342쪽(신국판) / 23,000원

토사유출현상과 토사재해대책
타카하시 타모츠 저 / 한국시설안전공단 시설안전연구소 유지관리기술그룹 역 / 2012년 1월 / 480쪽(사륙배판) / 28,000원

해상풍력발전 기술 매뉴얼
(재)연안개발기술연구센터 저 / 박우선, 이광수, 정신택, 강금석 역 / 안희도 감수 / 2011년 12월 / 282쪽(사륙배판) / 18,000원

에너지자원 원격탐사 †
박형동, 현창욱, 오승찬 저 / 2011년 12월 / 284쪽(사륙배판) / 28,000원

해양시추공학
최종근 저 / 2011년 12월 / 376쪽(사륙배판) / 27,000원

터널설계시공 ※
Pietro Lunardi 저 / 선우춘, 김영근, 민기복, 장수호, 김광염 역 / 2011년 10월 / 584쪽(사륙배판) / 38,000원

건설공사와 지반지질
다나카 요시노리, 후루베 히로시 저 / 백용, 정재형 역 / 2011년 9월 / 228쪽(신국판) / 20,000원

해외광물자원 개발실무 ※
강대우 저 / 2011년 9월 / 736쪽(사륙배판) / 50,000원

수문설비공학
일본 水工環境防災技術研究会 저 / 최범용, 김영도, 조현욱, 양민수 역 / 2011년 9월 / 440쪽(사륙배판) / 27,000원

준설토 활용공학 ※
윤길림, 김한선 저 / 2011년 9월 / 308쪽(사륙배판) / 25,000원

댐 및 수력발전 공학
이용천 저 / 2011년 5월 / 374쪽(사륙배판) / 27,000원

엑셀을 이용한 지반공학 입문
이시다 테츠로 저 / 황승현 역 / 2011년 3월 / 204쪽(신국판) / 18,000원